Veröffentlichungen des Königlich Preußischen Meteorologischen Instituts

Herausgegeben durch dessen Direktor

G. Hellmann .

Nr. 242

Internationaler Meteorologischer Kodex

Im Auftrage

des

Internationalen Meteorologischen Komitees

bearbeitet von

G. Hellmann
Berlin

und

H. H. Hildebrandsson
Upsala

Deutsche Originalausgabe

Zweite vermehrte Auflage

Springer-Verlag Berlin Heidelberg GmbH 1911

Preis 4 *M*

Additional material to this book can be downloaded from http://extras.springer.com

ISBN 978-3-662-23471-6   ISBN 978-3-662-25534-6 (eBook)
DOI 10.1007/978-3-662-25534-6

Inhaltsverzeichnis

Vorwort zur zweiten Auflage.

Die 1907 erschienene deutsche Originalausgabe des Internationalen Meteorologischen Kodex hat offenbar ein wirkliches Bedürfnis befriedigt, da sie schon nach vier Jahren vergriffen war. Ich habe daher eine neue Auflage vorbereitet, die nicht nur die auf den Konferenzen des Internationalen Meteorologischen Komitees in Paris 1907 und Berlin 1910 gefaßten Beschlüsse enthält, sondern im Anhang auch eine historisch-bibliographische Übersicht über die internationale meteorologische Organisation gibt.

Möge der Kodex auch in der neuen Auflage diese Organisation fördern helfen!

Berlin, im Dezember 1911.

G. Hellmann.

Einleitung.

Auf der Versammlung des Internationalen Meteorologischen Komitees zu Southport im September 1903 machte der erste der beiden Endesunterzeichneten den Vorschlag zur „offiziellen Veröffentlichung einer Art von Internationalem Meteorologischen Kodex, der alle endgültigen Beschlüsse der seit 1872 abgehaltenen internationalen meteorologischen Kongresse und Konferenzen enthält, mit den nötigen Erläuterungen und Hinweisen."

Zur Begründung dieses Vorschlages diente die nachfolgende kurze Darlegung, die auf S. 74 und 75 der deutschen Ausgabe des Southporter Berichtes abgedruckt ist:

„Die zahlreichen Beschlüsse der 14 seit 1872 abgehaltenen internationalen meteorologischen Kongresse und Konferenzen haben bekanntlich in manchen europäischen und außereuropäischen Beobachtungssystemen bis jetzt noch wenig oder gar keine Beachtung gefunden. Der Grund hierfür liegt meines Erachtens darin, daß diese Vereinigungen anfänglich — wie dies ganz natürlich war — einen zu sehr europäischen Charakter trugen und erst allmählich interkontinental geworden sind, und sodann in der Unmöglichkeit, sich rasch und leicht über die endgültigen Beschlüsse auf jedem einzelnen Gebiete unterrichten zu können. Es sind zwar von allen Versammlungen Berichte in drei Sprachen (deutsch, englisch, französisch) veröffentlicht worden, die aber in der Form eines Protokolls erschienen sind, welche für das Auffinden einzelner Punkte wenig geeignet erscheinen, zumal wenn jeder Sachindex fehlt.

Es hatte deshalb schon auf der Münchener Konferenz (1891) Herr Harrington den Wunsch ausgesprochen, eine sachlich geordnete Zusammenstellung aller Beschlüsse der verschiedenen Kongresse und Konferenzen publiziert zu sehen, und Herr Wild gab demzufolge 1893 im Repertorium für Meteorologie, XVI No. 10, eine derartige Zusammenstellung. (61 Seiten in 4⁰.)

So dankenswert diese von dem damaligen Präsidenten des Internationalen Komitees selbst besorgte Zusammenfassung der von 1872—1891 geleisteten internationalen meteorologischen Arbeit war, so entspricht sie doch nicht ganz bezw. nicht mehr dem Zweck, den ich im Auge habe, und zwar aus folgenden Gründen:

1. sie ist nur in deutscher Sprache erschienen, während hier gerade englische und französische Ausgaben von großer Wichtigkeit wären;

2. sie ist zu umfangreich und läßt die endgültigen Beschlüsse nicht deutlich genug hervortreten;

3. sie ist jetzt teilweise schon veraltet."

Das Internationale Meteorologische Komitee nahm den Vorschlag an und „richtete an die Herren Hellmann und Hildebrandsson die Bitte, eine derartige Publikation vorzubereiten, welche sodann an die Direktoren der meteorologischen Institute zu verteilen wäre."

Daraufhin kamen die Endesunterzeichneten zu Pfingsten 1904 in Malmö zusammen, um die Grundsätze der gemeinschaftlichen Bearbeitung eines solchen Internationalen Meteorologischen Kodex sowie die Teilung der Arbeit zu vereinbaren, und waren im September 1905 in der Lage, den von ihnen bearbeiteten Kodex der Internationalen Meteorologischen Direktorenkonferenz in Innsbruck vorzulegen. Nachdem er in einer besonderen Kommission besprochen worden war, gelangte auf den Antrag dieser Kommission folgender Beschluß zur Annahme:

„Die Konferenz erachtet die Veröffentlichung des von den Herren Hellmann und Hildebrandsson bearbeiteten und der Konferenz vorgelegten Kodex der Beschlüsse als wichtiges und zweckdienliches Mittel zur Förderung der internationalen meteorologischen Arbeit und spricht die Hoffnung aus, daß die Institute von Berlin, London und Paris eine deutsche, englische und französische Ausgabe besorgen werden.

Die Konferenz wünscht, daß dieser Kodex auch in anderen Sprachen publiziert werde, und dankt P. Algué, der sich bereit erklärt, diese Publikation in spanischer Sprache auszugeben."

Sodann hat der erste der beiden Endesunterzeichneten bei Einfügung der auf der Innsbrucker Direktorenkonferenz gefaßten Beschlüsse den ganzen Kodex noch einmal durchgearbeitet, möglichst einheitlich gestaltet und in die vorliegende zweite Auflage auch die in Paris 1907 und in Berlin 1910 gefaßten Beschlüsse aufgenommen.

Der Kodex enthält nur solche Beschlüsse, die jetzt noch Gültigkeit und Bedeutung haben. Weggelassen wurden daher alle diejenigen, welche entweder durch spätere ersetzt wurden oder inzwischen erledigte Fragen betreffen. Dahin gehören z. B. die internationalen Untersuchungen im „Polarjahr" 1882/83, im „Wolkenjahr" 1896/97, die Südpolarexpeditionen, die Einrichtung eines meteorologischen Dienstes auf den Azoren und anderes mehr.

Die am Ende eines jeden Beschlusses, dessen Anfang durch ein ● gekennzeichnet ist, in runden Klammern gegebene Quelle bezieht sich auf die deutsche Ausgabe des betreffenden offiziellen Berichtes über die Kongresse und Konferenzen. In zeitlicher Folge sind es nachstehende:

Leipzig = Bericht über die Verhandlungen der Meteorologen-Versammlung zu Leipzig. Protokolle und Beilagen. Herausgegeben von der österr. Gesellschaft für Meteorologie. Wien, Druck von Carl Gerolds Sohn 1872. 31, XXXIX S. 8⁰.

Wien = Bericht über die Verhandlungen des Internationalen Meteorologen-Congresses zu Wien. 2.—16. September 1873. Protokolle und Beilagen. Auf öffentliche Kosten herausgegeben. Wien, Druck der K. k. Hof- und Staatsdruckerei 1873. VI, 114 S. 1 Bl. 8⁰.

Utrecht (1874) = Protokolle der Verhandlungen des permanenten Comités, eingesetzt von dem ersten Meteorologen-Congreß in Wien 1873. Sitzungen in Wien und Utrecht 1873 und 1874. Leipzig, Wilhelm Engelmann. 92 S. 4⁰.

London = Protokolle der Verhandlungen des permanenten Comités, eingesetzt von dem ersten Meteorologen-Congreß in Wien 1873. Sitzungen in London, 1876. Leipzig, Wilhelm Engelmann. 1 Bl. 80 S. 4⁰.

Utrecht (1878) = Protokolle der Verhandlungen des permanenten Comités, eingesetzt von dem ersten Meteorologen-Congreß in Wien 1873. Sitzungen in Utrecht 1878. Leipzig, Wilhelm Engelmann. 2 Bl. 36 S. 4⁰.

Rom = Bericht über die Verhandlungen des zweiten Internationalen Meteorologen-Kongresses in Rom vom 14. bis 22. April 1879. Herausgegeben in deutscher Sprache von Dr. Neumayer, Mitglied des internationalen meteorologischen Comités. Hamburg, L. Friederichsen & Co. 1880. Druck von Hammerich & Lesser in Altona. 1 Bl. 93 S. 1 Bl. 8⁰.

Rom (Rapports) = Rapports sur les questions du programme du deuxième Congrès Météorologique International de Rome. Rome, impr. héritiers Botta 1879. VIII, 282 S. 8⁰. [Hiervon existiert keine deutsche Ausgabe.]

Bern = Bericht über die Verhandlungen des Internationalen Meteorologischen Comités. Versammlung in Bern vom 9. bis 12. August 1880. Hamburg, Druck von Hammerich & Lesser in Altona 1881. 2 Bl. 62 S. 8⁰.

Kopenhagen = Bericht über die Verhandlungen des Internationalen Meteorologischen Comités. Versammlung in Kopenhagen vom 1. bis 4. August 1882. Hamburg, Druck von Hammerich & Lesser in Altona 1884. 3 Bl. 102 S. 1 Bl. 8⁰.

Paris (1885) = Bericht über die Verhandlungen des Internationalen Meteorologischen Comités. Versammlung in Paris vom 1. bis 7. September 1885. Hamburg, Druck von Hammerich & Lesser in Altona 1887. 2 Bl. 48 S. 1 Bl. 8⁰.

Zürich = Bericht über die Verhandlungen des Internationalen Meteorologischen Comités. Versammlung in Zürich im September 1888. Mit einem Vorwort über die Entwickelung der meteorologischen Forschung in Deutschland und einem Sachregister der verschiedenen Berichte des Internationalen Comités seit dem Meteorologen-Kongresse in Rom. Herausgegeben von Dr. Neumayer, Direktor der Seewarte. Hamburg, Druck von Hammerich & Lesser in Altona 1889. 1 Bl. VI S., 1 Bl. 24 S. 8⁰.

München = Bericht über die Verhandlungen der internationalen Conferenz der Repräsentanten der Meteorologischen Dienste aller Länder zu München. 26. August bis 2. September 1891. Protokolle nebst Beilagen und Anhängen. München, Druck von E. Mühlthaler. 98 S. 8⁰.

Upsala	= Bericht des Internationalen Meteorologischen Comités und **der** Internationalen Commission für Wolkenforschung. **Versammlung zu Upsala 1894.** Königlich Preußisches Meteorologisches Institut. Berlin, A. Asher & Co. 1895. 2 Bl. 45 S. 4⁰.
Paris (1896)	= Bericht über die Internationale Meteorologische Conferenz **zu Paris 1896.** Königlich Preußisches Meteorologisches Institut. Berlin, A. Asher & Co. 1899. 2 Bl. 95 S. 4⁰.
St. Petersburg	= Bericht des Internationalen Meteorologischen Komitees. Versammlung zu St. Petersburg 1899. Königlich Preußisches Meteorologisches Institut. Berlin, A. Asher & Co. 1903. 2 Bl. 94 S. 4⁰.
Southport	= Bericht des Internationalen Meteorologischen Komitees. Versammlungen zu Paris 1900 und zu Southport 1903. Königlich Preußisches Meteorologisches Institut. Berlin, A. Asher & Co. 1905. 2 Bl. 80 S. 4⁰.
Innsbruck	= Bericht über die internationale meteorologische Direktorenkonferenz in Innsbruck. September 1905. K. k. Zentralanstalt für Meteorologie und Geodynamik. (Anhang zum Jahrbuch 1905.) Wien, W. Braumüller 1906. IV, 154 S. 8⁰.
Paris (1907)	= Bericht über die Versammlung des Internationalen Meteorologischen Komitees. Paris 1907. Veröffentlichungen des Königlich Preußischen Meteorologischen Instituts. Herausgegeben durch dessen Direktor G. Hellmann. Nr. 191. Berlin, Behrend & Co. 1908. 75 S. 4⁰.
Berlin	= Bericht über die Versammlungen des Internationalen Meteorologischen Komitees und dessen Kommission für Erdmagnetismus und Luftelektrizität. Berlin 1910. Veröffentlichungen des Königlich Preußischen Meteorologischen Instituts. Herausgegeben durch dessen Direktor G. Hellmann. Nr. 227. Berlin, Behrend & Co. 1910. 117 S. 8⁰.

Außerdem sind am Schluß eines jeden Abschnittes in eckigen Klammern alle diejenigen Stellen aus den gedruckten Berichten aufgeführt, die sich auf die in ihm behandelte Frage beziehen. Diese Angaben orientieren also über die gesamte einer Frage zuteil gewordene Diskussion auf allen Konferenzen von 1872 bis 1910.

Die im Kodex gewählte Anordnung des Stoffes schließt sich vielfach an die oben erwähnte Wildsche „Zusammenstellung" an. Zur leichteren Auffindung eines Gegenstandes ist aber am Schluß ein ausführliches Sachregister hinzugefügt worden, dessen Gebrauch sich als nützlich erweisen wird.

Schließlich hat der erste der beiden Endesunterzeichneten, entsprechend seinem in Southport gemachten Vorschlage, als Anhang zum Kodex noch ein „Namen- und Sachregister zu den Anhängen der Berichte über die internationalen Meteorologen-Versammlungen" gegeben, damit die in ihnen enthaltenen wissenschaftlichen Mitteilungen, die zum Teil sehr wichtiger Natur sind, in Zukunft noch mehr Beachtung finden.

G. Hellmann.   H. H. Hildebrandsson.

Luftdruck.

Normalbarometer. Hauptbarometer und deren Vergleichung.

• „Der Kongreß empfiehlt allen Zentralanstalten die Einführung eigentlicher Normalbarometer, d. h. von Instrumenten, welche den Luftdruck nach seiner Definition in absolutem Maße zu bestimmen gestatten." (Wien S. 30, 31, 68, 69).

Nachdem man in Wien, Rom und Bern über die Notwendigkeit der Vergleichung der „Normalinstrumente" der verschiedenen Länder untereinander verhandelt hatte, wird in München folgender Beschluß gefaßt:

• „Die Konferenz beschließt, daß die Barometer der Nachbarländer miteinander verglichen und die Resultate dieser Vergleichungen veröffentlicht werden sollen. Im übrigen ist es wünschenswert, daß sobald als möglich Vergleichungen mit dem Barometer des Bureau international des poids et mesures gemacht werden, und daß dieses dann allgemein als Normal betrachtet werde."

„Auch die durch die maritim-meteorologischen Systeme erhaltenen Barometervergleichungen sollen zusammen mit dem Normalstand des Barometers des betreffenden Systems von Zeit zu Zeit veröffentlicht werden." (München S. 9 und 10).

Unter den „Normalinstrumenten" sind oft nicht eigentliche Normale zu verstehen, sondern die „Hauptinstrumente", die eine jede meteorologische Zentralanstalt besitzt und mit denen die Instrumente der ihr zugehörigen Stationen verglichen werden. In diesem Sinne ist hier der Begriff „Hauptbarometer" (baromètre étalon, standard barometer) aufzufassen.

Da in der Zwischenzeit nur sehr wenige derartige Barometervergleichungen von Hauptbarometern ausgeführt worden waren, nimmt Herr Hellmann auf der Innsbrucker Konferenz die Frage wieder auf und schlägt vor, daß die größeren meteorologischen Institute Europas es in die Hand nehmen möchten, eine Vergleichung der Hauptbarometer aller meteorologischen Systeme Europas innerhalb möglichst kurzer Frist vorzunehmen. Die zur Beratung dieser Frage eingesetzte Kommission gelangt zu folgender Festsetzung:

● „Die Direktoren der Institute von Berlin, London, Paris, St. Petersburg und Wien erklären sich bereit, bei ihren Regierungen die Teilnahme an der Vergleichung der Barometer der meteorologischen Institute Europas zu befürworten." (Innsbruck S. 30).

Nach der Diskussion dieses Kommissionsbeschlusses im Plenum werden von der Konferenz folgende Resolutionen angenommen:

● 1. „Die Konferenz begrüßt mit Freuden die Erklärung der Direktoren von Berlin, London, Paris, St. Petersburg und Wien und hält die Durchführung der geplanten Barometervergleichung für äußerst wichtig für den meteorologischen Dienst von ganz Europa."

2. „Die Konferenz erinnert an den Beschluß der Wiener Konferenz bezüglich der Inspektion der Stationen innerhalb der einzelnen Netze."

3. „Es mögen soweit als tunlich bei der Vergleichung der Barometer auch die außereuropäischen Institute berücksichtigt werden."

4. „Für die praktische Ausführung des ersten Antrages werden die Herren Hellmann und Rykatschew gebeten, Sorge zu tragen." (Innsbruck S. 30, 31).

Solche Vergleichungen sind bisher durch die meteorologischen Institute in Berlin, St. Petersburg und Wien ausgeführt worden.

[Leipzig S. 13, 14; Wien S. 31, 68, 69; Utrecht (1874) S. 7, 11; London S. 7; Rom S. 9, 64, (Rapports) S. 37—39, 41—43; Bern S. 5, 8, 10, 11, 49; Zürich S. 15; München S. 9, 10; Innsbruck S. 30, 31, 45, 46, 95, 96.]

Stationsbarometer.

● „An Stationen mit nur einem Barometer sollen Aneroide nicht verwendet werden, wohl aber sollen sie neben dem Quecksilberbarometer als Interpolations-Instrumente zulässig sein." (Wien S. 16).

In Rom wurde die Frage erörtert, ob man zu den Vergleichungen der Stationsbarometer auf Inspektionsreisen oder zu Höhenbestimmungen Quecksilberbarometer (die man an Ort und Stelle füllen kann), Aneroide oder Hypsometer verwenden soll. Man einigte sich dahin, daß diese Methoden, besonders die erste, nicht fehlerfrei sind. In Paris 1896 hat sodann Herr Mohn die Frage vom Hypsometer aufgenommen und dargetan, daß dieses Instrument in geschickten Händen sehr wohl hierzu verwendbar ist. Ein Beschluß wurde nicht gefaßt.

[Leipzig S. 4, 5, XXVII, XXXI; Wien S. 15, 16, 88; Rom S. 77; München S. 9; Paris (1896) S. 38, 79, 80.]

Reduktion des Barometers auf das Meeresniveau.

● „Die Reduktion auf das Meeresniveau durch Anbringung einer das ganze Jahr hindurch konstanten Größe ist, wenn eine Genauigkeit von $\pm$ 0,5 mm erstrebt wird, nur für Höhen bis zu 20 Meter zulässig." (Rom S. 16).

● „Die Konferenz findet diese Frage durch die Herausgabe der internationalen meteorologischen Tabellen erledigt." (München S. 23).

Diese von den Herren Mascart und Wild herausgegebenen Tabellen erschienen 1890 bei Gauthier-Villars in Paris unter dem Titel: „Internationale Meteorologische Tabellen. Veröffentlicht gemäß einem Beschluß des Congresses zu Rom im Jahr 1879“, mit Text in deutscher, englischer und französischer Sprache.

Auf der Innsbrucker Konferenz wird die Frage der Reduktion des Barometers auf das Meeresniveau innerhalb der Kommission für Wettertelegraphie besprochen und auf Antrag des Herrn Mohn folgender Beschluß gefaßt:

• „Die Direktoren der Netze werden aufgefordert, die Reduktion des Barometers auf das Meeresniveau in der Weise zu machen, daß die Resultate, nach welcher Methode immer sie berechnet werden, nicht mehr als 0,3 mm abweichen von dem mit der vollständigen barometrischen Formel gewonnenen Werte, wenn in die letztere die Temperatur und die Feuchtigkeit der Beobachtungsstunde eingeführt werden und als Temperaturgradient $0,5^0$ C per 100 m angenommen wird.“ (Innsbruck S. 36, 37).

Auf Antrag des Herrn Köppen wird dazu noch folgender Zusatz gemacht:

• „Andererseits empfiehlt die Konferenz, zur tunlichsten Vermeidung von Zeitverlusten und Fehlern, im telegraphischen Wetterdienste durchweg nur sehr einfache und bequeme Reduktionstabellen zu benutzen und auf eine illusorische Genauigkeit zu verzichten.“ (Innsbruck S. 37).

Beide Resolutionen sollen mit dem 1. Januar 1906 in Kraft treten.

[Rom S. 16, 70, (Rapports) S. 47, 191—194, 245—247, 254; Bern S. 7, 50; Kopenhagen S. 7, 15—19; Paris (1885) S. 7, 31—43; Paris (1896) S. 38; Innsbruck S. 36, 37, 61—79.]

Reduktion des Barometers auf Normalschwere.

• „An den Stationen, deren Beobachtungen telegraphisch den Zentralstellen übermittelt werden, sollen die Barometerstände stets auf Normalschwere reduziert werden.“ (Southport S. 8).

• „Es wird allen Meteorologen empfohlen, die Barometerstände sobald als möglich, spätestens aber mit Beginn des Jahres 1901 sämtlich auf Normalschwere zu reduzieren und stets in allen bezüglichen Tabellen und Karten bestimmt anzugeben, ob die Reduktion auf die Normalschwere bereits stattgefunden habe. Am Kopfe der Tabellen soll die Größe der angewendeten Schwerekorrektion angegeben werden, damit man selbe sogleich mit einer Sicherheit von mindestens ± 0,1 mm denselben entnehmen kann.“ (München S. 24).

• „In den veröffentlichten Beobachtungstabellen soll angegeben werden, ob die Barometerstände auf Normalschwere reduziert sind oder nicht, und zugleich der Wert der Korrektion, die im ersten Falle angebracht worden ist oder im zweiten Falle angebracht werden sollte.“ (Southport S. 8).

Das Komitee hat im November 1900 ein Zirkular an alle Direktoren erlassen und vorgeschlagen, diesen Beschluß der Münchener Konferenz vom 1. Januar 1901 ab zur Ausführung zu bringen. (Southport S. 7, 8).

In der Konferenz zu Paris 1896 verliest Herr Mohn eine Mitteilung über die Bestimmung der Schwerekorrektion für Quecksilberbarometer auf Grund gleichzeitiger Beobachtungen des Hypsometers und des Quecksilberbarometers.

● „Die Konferenz spricht den Wunsch aus, daß in den täglich erscheinenden Wetterberichten der meteorologischen Anstalten kein Zweifel darüber gelassen werde, ob die mitgeteilten Barometerstände auf gleiche Schwere reduziert sind oder nicht, sei es, daß dies täglich in der Überschrift oder mindestens einmal jährlich in einer Erläuterung angegeben werde." (Innsbruck S. 37).

[Paris (1885) S. 4; München S. 24; Paris (1896) S. 38, 79, 80; Southport S. 7, 8; Innsbruck S. 37.]

Lufttemperatur.

Normalthermometer und deren Vergleichung.

● „Die Konferenz ist der Ansicht, daß die Temperaturen auf das Luftthermometer bezogen werden sollen. Diese Definition ist besonders notwendig für die Temperaturen unter 0^0.

Es wird allen Meteorologen empfohlen, daß diese Maßregel sobald als möglich, aber spätestens im Jahre 1901, überall in Kraft trete, und daß jeweils in den Publikationen angegeben werde, ob die Temperaturen bereits auf das Luftthermometer reduziert worden sind." (München S. 10).

Das Bureau international des poids et mesures hatte sich bereit erklärt, die Normalthermometer der verschiedenen Institute auch bei niedrigen Temperaturen zu verifizieren. (München S. 49, 67).

[Leipzig S. 14, 15; Wien S. 31, 68, 69; Utrecht (1874) S. 7, 10; London S. 8; Rom S. 9, (Rapports) S. 39—43, 101—114; Bern S. 10, 49, 50; Zürich S. 4, 12, 15; München S. 8, 9, 10, 49, 67; St. Petersburg S. 8, 67—68.]

Aufstellung der Thermometer.

● „Die Kommission hält es für unmöglich, bestimmte Regeln und Vorschriften festzustellen, die überall bei der Aufstellung der Thermometer befolgt werden sollten, weil auf die Lokalverhältnisse Rücksicht genommen werden muß, und die empfehlenswerteste Aufstellung in einem freien, allen Winden zugänglichen Raume und in einer Höhe von $1^1/_2$ bis 2 Meter nicht überall in Anwendung gebracht werden kann." (Wien S. 27, 61).

Dieser Beschluß wird im wesentlichen auf dem Römischen Kongreß wiederholt. (Rom S. 9).

● „Wünschenswert wäre es, daß Untersuchungen über den Einfluß der Höhe und Aufstellungsweise an den Zentral- oder Hauptstationen fortgeführt würden." (Wien S. 27, 61).

Nachdem inzwischen im Assmannschen Aspirationsthermometer ein verläßliches Instrument zur Bestimmung der wahren Lufttemperatur entstanden war, nimmt die Pariser Konferenz 1896 folgende Beschlüsse an:

- „Es ist wünschenswert, daß auf mindestens einer Station in jedem Lande neben der gewöhnlichen Thermometerbeschirmung und gleichzeitig mit derselben auch andere Aufstellungen verwendet werden, wie der „Stevenson-screen" oder die französische Beschirmung, zum mindesten aber das Assmannsche Aspirationsthermometer (großes Modell) in seiner jetzigen Gestalt (Fueß, 1896). Die Vergleichungen sollten durch zwei Jahre fortgesetzt werden, und es müßten, falls die Veröffentlichung der Ergebnisse in extenso nicht angängig sein sollte, wenigstens für jeden Monat die Mittel und die extremen Werte zur Publikation gelangen.

Desgleichen wird als sehr ersprießlich erachtet. daß in jedem Lande stets nur eine Art der Aufstellung benutzt werde und daß von derselben eine eingehende Beschreibung nebst Zeichnungen und Angabe der Maße veröffentlicht werde, so daß eine exakte Wiederholung der Aufstellungsart überall möglich sei." (Paris (1896) S. 9).

Solche Vergleiche sind bisher aus Deutschland und Rußland bekannt geworden.

Eine Beschreibung der in England, Frankreich und Rußland gebräuchlichen Thermometerhütten findet man in Paris (1896) S. 57—63, von den übrigen Ländern zumeist in den für sie geltenden meteorologischen Instruktionen.

[Leipzig S. 5—8, VIII, XX, XXXI; Wien S. 27, 61, 85, 90—97, 100—102; Rom S. 9, 65, 68, (Rapports) S. 48, 267—272; Bern S. 50, 51; Paris (1896) S. 5—9, 57—63.]

Extremthermometer.

- „In allen Instruktionen an die Beobachter ist die Regel beizufügen, durch beständige Vergleichungen der Angaben der Maximum- und Minimumthermometer mit dem nebenbeistehenden gewöhnlichen Thermometer eine Kontrolle über ihre Beständigkeit und die anzubringenden Korrektionen zu erhalten." (Wien S. 27, 62).

- „Da der Kongreß das Ende des meteorologischen Tages auf 12^h nachts festgesetzt hat, ist es zweckmäßig, daß Maximum und Minimum bei der letzten Beobachtung am Abend aufgezeichnet und für den betreffenden Tag eingetragen werden." (Wien S. 27, 62).

Wegen der Ablesungstermine der in den Wettertelegrammen erscheinenden Extremtemperaturen vergl. den Beschluß des Komitees in Paris 1907 (S. 8), wie er auf S. 35 des Kodex verzeichnet steht.

- „Die Konferenz hält es für durchaus erforderlich, daß in den Publikationen der meteorologischen Institute die Stunde der Ablesung der Extremthermometer stets angegeben wird." (München S. 11).

Herr Rykatschew erinnert daran, daß man die Minimumthermometer nicht vertikal stehend justieren soll, sondern in der Lage (gewöhnlich horizontal), in der sie beobachtet werden. Bei den Vergleichungen mit dem gewöhnlichen

Thermometer ist sowohl die Angabe des Index als auch der Stand des Alkoholfadens zu notieren. (St. Petersburg S. 8, 67—68).

Das Bureau international des poids et mesures in Breteuil hat versprochen, auch Alkoholthermometer zu vergleichen. (Zürich S. 12).

[Leipzig S. 8, 9, VIII, XX, XXI; Wien S. 27, 61, 62, 88, 97, 98; München S. 10, 11, 68, 69; St. Petersburg S. 8, 67, 68; Innsbruck S. 37.]

Reduktion der Temperatur auf das Meeresniveau. Temperaturabnahme mit der Höhe.

• „Die Konferenz findet diese Frage durch die Herausgabe der internationalen meteorologischen Tabellen erledigt." (München S. 23).

Vgl. oben S. 2, 3.

• „Das Komitee kam zu dem Beschluß, daß es zur Vermeidung von Mißverständnissen am besten ist, dem Wort Gradient seine ursprüngliche Bedeutung (Gefälle) zu belassen und im Kopf der Tabellen, welche die Abnahme der Temperatur enthalten, nicht „Gradient $\Delta t/100$", sondern „Temperaturabnahme für 100 m" zu setzen." (Berlin S. 20).

Das Vorzeichen für den Betrag der Temperaturabnahme ist positiv, wenn die Temperatur mit der Höhe sinkt, negativ, wenn sie steigt.

Bodentemperatur.

• „Die Temperatur des Erdbodens ist ein noch schlecht bestimmtes Element, welches sehr von den Eigenschaften des Bodens abhängt, dem aber eine tatsächliche praktische Bedeutung in landwirtschaftlicher Hinsicht innewohnt. Es ist empfehlenswert, daß die Beobachter genau die Verhältnisse angeben, unter denen die Thermometer aufgestellt wurden." (St. Petersburg S. 7, 8).

Herr v. Bezold fügt hinzu, daß es sehr nützlich sein würde, die physikalischen Konstanten (Wärmekapazität für die Volumeneinheit, Leitungsfähigkeit usw.) aus verschiedenen Bodenschichten zu bestimmen. (St. Petersburg S. 8).

• „Der Kongreß empfiehlt, Herrn Wilds Antrage gemäß, auch die Temperatur der Oberfläche des Erdbodens unter die auf Stationen zweiter Ordnung zu beobachtenden meteorologischen Elemente aufzunehmen." (Rom S. 9).

Über die verschiedenen Formen der Bodenthermometer wurde oft diskutiert, doch ist die Frage nicht als endgültig beantwortet angesehen worden. In Wien wurde angeführt: Die Lamontsche Methode mit Anwendung einer hölzernen Röhre gibt zuverlässigere Resultate als die Thermometer mit langen Röhren, die über den Boden hinausreichen. (Wien S. 62, 63). In Paris 1896 wurden die in England und Frankreich gebräuchlichen elektrischen Thermometer, welche auf der Änderung des Widerstandes beruhen, hervorgehoben. Es wurde ein Studium dieser Frage empfohlen und als wünschenswert erachtet, daß für die nächste Konferenz ein diesbezüglicher Bericht vorbereitet werde. (Paris (1896) S. 38).

[Leipzig S. 10, 11, XXXIII; Wien S. 27, 62, 63, 99, 105—108; Rom S. 9, (Rapports) S. 49, 87—89; Bern S. 51; Paris (1896) S. 38; St. Petersburg S. 7, 8.]

Luftfeuchtigkeit.

● „Obwohl die Mängel des Psychrometers nicht zu verkennen sind und den Physikern Untersuchungen über die Herstellung eines anderen Apparates und einer anderen Methode für die Bestimmung der Feuchtigkeit im höchsten Grade zu empfehlen sind, kann dennoch das Psychrometer bis jetzt durch kein anderes Instrument ersetzt werden. Der Gebrauch des Haarhygrometers kann nur dann ohne Gefahr stattfinden, wenn seine Angaben durch Vergleichung mit dem Psychrometer beständig kontrolliert und seine jedesmalige Korrektion ermittelt wird, besonders in der Nähe des Sättigungspunktes, wo es leicht zurückbleibt." (Wien S. 28, 63).

● „Der Kongreß empfiehlt, so viel wie irgend möglich, eine regelmäßige Ventilation für die Bestimmung der Feuchtigkeit der Luft vermittelst des Psychrometers anzuwenden." (Rom S. 9).

Ferner wurde es auf der Pariser Konferenz von 1896 als wünschenswert erklärt, die in jedem Lande an der dort gebräuchlichen Aufstellung vorgenommenen Beobachtungen mit den durch das Assmannsche Aspirationspsychrometer gewonnenen zu vergleichen; vergl. S. 5.

Die Frage nach der Feuchtigkeitsbestimmung ist auf fast allen meteorologischen Konferenzen besprochen worden. Sowohl in München (S. 12) als in St. Petersburg (S. 10) wurde aber hervorgehoben, daß es nicht zeitgemäß sei, gegenwärtig einen eigentlichen Beschluß in dieser Frage zu fassen.

Die wichtigsten Punkte, die in diesen Diskussionen berührt wurden, sind folgende:

Mit Rücksicht auf einen Antrag der Meteorological Society, den Taupunkt statt der absoluten Feuchtigkeit in den Tabellen anzugeben, wird die Angabe der absoluten Feuchtigkeit als meteorologisch wichtiger erklärt und daher deren Beibehaltung beschlossen. (Loudon S. 7).

Das in Upsala vereinigte Komitee besprach die Untersuchungen, die Herr Ekholm in Spitzbergen angestellt hat, indem er die Ergebnisse der Beobachtungen des Psychrometers mit natürlicher Ventilation mit den durch das Kondensationshygrometer gewonnenen verglich. Aus diesen Untersuchungen hat er das Gesetz abgeleitet, daß man von dem Stande des mit Eis bedeckten Thermometers zunächst 0,45° C abziehen muß und erst dann von Jelineks Psychrometertafeln Gebrauch machen darf. Die physikalische Ursache des zu hohen Standes des feuchten Thermometers liegt in der Differenz zwischen der Maximalspannung des Wasserdampfes in Berührung mit Wasser und in Berührung mit Eis.

Das Komitee entschied sich dahin, daß es wünschenswert sei, nach den Werten der Spannung des Dampfes über Eis neue Psychrometertafeln für die Fälle der Bedeckung des feuchten Thermometers mit Eis zu berechnen. Bis zur Veröffentlichung dieser Tafeln kann das Gesetz des Herrn Ekholm zur Berechnung der Mittelwerte der Spannung des Wasserdampfes und der relativen Feuchtigkeit der Luft Verwendung finden. (Upsala S. 7).

Auf den Konferenzen in St. Petersburg (S. 10) und in Southport (S. 11) spricht Herr Pernter über die Anwendung des Haarhygrometers an Stelle des Psychrometers und ist der Überzeugung, daß der Gebrauch des Haarhygrometers nach seinen eigenen Versuchen allen Anforderungen der Meteorologie genügt unter der einzigen Bedingung, daß der Sättigungspunkt von Zeit zu Zeit geprüft wird. Er schlägt daher vor: Es ist wünschenswert, daß die Verwendung des Psychrometers soviel wie möglich eingeschränkt und das Haarhygrometer zu den fortlaufenden hygrometrischen Messungen an den Stationen II. Ordnung empfohlen wird.

Herr Rykatschew u. A. bemerken dagegen, daß das Psychrometer identische Resultate ergibt, wenn es sich unter identischen Bedingungen befindet, wohingegen das Haarhygrometer unter den gleichen Bedingungen nicht immer die gleichen Angaben macht. Aus diesem Grunde ist auch das Psychrometer in allen Fällen vorzuziehen, außer bei sehr niedrigen, erheblich unter 0^0 liegenden Temperaturen und besonders, wenn die Temperatur auf oder unter -20^0 sinkt. Übrigens ist es sehr schwierig für einen Beobachter an einer Station II. Ordnung zu wissen, ob sein Hygrometer in Unordnung ist oder nicht.

[Leipzig S. 23, 24, XXI, XXVIII, XXXIII; Wien S. 27, 28, 63, 99, 100; London S. 7; Rom S. 9, 65, 66, (Rapports) S. 119—121, 281—282; München S. 12; Upsala S. 7; Paris (1896) S. 7, 9; St. Petersburg S. 10, 79—83; Southport S. 11, 57—64.]

Wind.

Normalanemometer.

● „Die Kommission ist nicht der Ansicht, daß es schon bei dem gegenwärtigen Stande der Frage angängig sei, irgend einen bestimmten Apparat als Normalinstrument zu empfehlen, ebensowenig wie eine gleichmäßige Aufstellung auf allen Stationen." (Paris (1896) S. 37).

Dieselbe Ansicht ist auf anderen Sitzungen zum Ausdruck gekommen.

[Rom S. 10, 66, 67, (Rapports) S. 49—51, 125—126; Bern S. 2, 10, 11; Paris (1885) S. 10; München S. 20—22, 73—75; Paris (1896) S. 36, 37; St. Petersburg S. 10, 77—78.]

Windgeschwindigkeit.

● „Die Anwendung des Robinsonschen Anemometers in seiner einfachsten Form ist zur Bestimmung der zur Zeit der Beobachtung herrschenden Windgeschwindigkeit zu empfehlen. Die Windgeschwindigkeit ist übereinstimmend mit der in allen physikalischen Arbeiten angenommenen Einheit als der Windweg in einer Sekunde im metrischen Maße anzugeben." (Leipzig S. 27).

● „Die Konferenz ist der Ansicht, daß es wünschenswert sei, in den Tabellen die Windgeschwindigkeiten nach Metern per Sekunde anzugeben, wobei diese Werte aus den Anemometerangaben vermittelst einer Reduktionsformel abgeleitet sind, deren Konstanten direkt oder indirekt bestimmt sind." (München S. 21).

Die Münchener Konferenz spricht den Wunsch aus, es möchten neue Untersuchungen angestellt werden, um die Relation zwischen den Graden der Beaufortskala und der Windgeschwindigkeit nach Metern per Sekunde sicherer festzustellen.

Vergl. S. 30 Anmerkung.

Zugleich erklärt es die Konferenz für unmöglich, allgemeine Regeln für die Aufstellung der Anemometer oder deren Höhe über dem Boden zu geben. (München S. 22).

• „Das Komitee empfiehlt im Kopf der publizierten Tabellen über Windgeschwindigkeit stets die Höhe des Anemometers über dem Erdboden anzugeben." (Southport S. 13, 73).

Höhe des Anemometers über dem Erdboden = h_a.

[Leipzig S. 25, 27, XXXIV; Wien S. 20, 21, 52, 109—111; Utrecht (1874) S. 10, 48—55; Bern S. 53; München S. 21, 22; Paris (1896) S. 36, 37, 77—78; Southport S. 13, 73, 74.]

Windrichtung.

• „Die englischen Bezeichnungen der Windrichtungen sind einzuführen: N = Nord, E = Ost, S = Süd und W = West. In der Windrose sind nur 16 Windrichtungen anzugeben. In den Fällen von beobachteten intermediären Windrichtungen wird vorgeschlagen, sie alternierend nach der einen oder anderen Seite zu rechnen.

Die Anwendung der Lambertschen Formel ist nicht zu empfehlen, dagegen die Häufigkeit und die mittlere Stärke der den verschiedenen Richtungen entsprechenden Winde mit Zahlen anzugeben." (Wien S. 21, 51).

Die monatlichen und jährlichen Resumés, welche von den Zentralinstituten für die einzelnen Stationen zusammengestellt werden, enthalten in Übereinstimmung mit den Beschlüssen des Wiener Kongresses einen zusammenfassenden Überblick über die Häufigkeit der Winde aus den acht Hauptrichtungen während der einzelnen Monate, wie auch während des ganzen Jahres. Bei der großen Beachtung, welche neben der Windrichtung auch die Windstärke verdient, schlägt die Konferenz vor, in diesen Resumés auch die mittlere Stärke jeden Windes bekannt zu machen, und zwar für eine möglichst große Anzahl von Stationen, für jeden Monat und für das ganze Jahr. Wo in dem einmal eingeführten Schema Platz genug vorhanden ist, wären die Zahlen, welche die Häufigkeit und die mittlere Stärke darstellen, eine neben der anderen hinzusetzen, anderenfalls aber in Form eines Anhangs zu geben. (Rom S. 15).

• „Die Meteorologen werden gebeten, auf beiden Halbkugeln der Erde mit dem Worte „backing" — ohne Rücksicht auf den sonstigen Verlauf des Wetters — ausschließlich die Änderung des Windes am Beobachtungsorte (oder auf einem Schiffe) im Sinne W—S—E—N oder „gegen den Uhrzeiger", mit dem Worte „veering" die entgegengesetzte Änderung im Sinne W—N—E—S oder „mit dem Uhrzeiger" zu bezeichnen.

Ebenso ist mit entsprechenden Ausdrücken in anderen Sprachen zu verfahren.

Die Konferenz spricht ferner den Wunsch aus, die Verfasser mögen stets ausdrücklich den genauen Sinn erläutern, in welchem sie in ihrem Werke die Ausdrücke „dextrorsum" oder „sinistrorsum" oder andere verwandte Ausdrücke verwenden, soweit ein Mißverständnis nicht ausgeschlossen ist." (Innsbruck S. 38, 107).

[Leipzig S. 24—26, I, VIII, IX, XXI, XXVIII, XXXIII, XXXIV; Wien S. 20, 21, 51; Rom S. 15, 69; Innsbruck S. 38, 107.]

Windstillen.

• „Die Windstillen sind separat einzutragen und ein eigenes Abkürzungszeichen, etwa der Buchstabe C, für dieselben einzuführen." (Leipzig S. 25).

• „Bei der Verteilung in der Windrose sind Winde, deren Geschwindigkeit geringer ist als $^1/_2$ Meter per Sekunde, nicht zu berücksichtigen, sondern zu den Windstillen zu zählen." (Wien S. 21, 51).

Bewölkung.

Wolkenmenge.

• „Der Grad der Bewölkung soll durch die Zahlen 0 bis 10 angegeben werden, und zwar soll 0 ganz heiteren, 10 ganz bedeckten Himmel bezeichnen." (Wien S. 11).

• „Höhenrauch ist nicht bloß durch das betreffende Symbol zu bezeichnen, sondern es ist gleichzeitig die dabei stattfindende Trübung der Atmosphäre bei der Bewölkung zu berücksichtigen." (Wien S. 15, 48).

• „Die Angaben über die Ausdehnung der Wolken an der scheinbaren Himmelsfläche nach der Skala 0 bis 10 sind ohne Rücksicht auf die Dicke der Wolkenschichten zu machen. Die letztere wird durch einen an der Bewölkungszahl angebrachten Exponenten (0 schwach, 2 stark) bezeichnet." (Wien S. 15, 48).

[Wien S. 11, 15, 48, 49; Innsbruck S. 83.]

Wolkenform.

• „Die Konferenz empfiehlt die Einteilung der Wolken nach Abercromby und Hildebrandsson." (München S. 17).

• „Herr Hildebrandsson legt dem in Upsala versammelten Komitee die Sitzungsprotokolle der gleichzeitig tagenden Kommission für Wolkenforschung vor (Upsala, Anhang VIII). Das Komitee tritt in eine kurze Beratung über die in diesen Protokollen gegebenen Definitionen ein. Nach einigen Änderungen wird der Wortlaut derselben angenommen.

Das Komitee geht sodann zur Prüfung der vorgeschlagenen Instruktionen über und nimmt dieselben an." (Upsala S. 9).

Die Wolkenkommission ernennt ein besonderes Komitee für die Veröffentlichung des Wolkenatlas. Zu Mitgliedern des Komitees werden gewählt die Herren

Teisserenc de Bort und Riggenbach unter dem Vorsitze des Herrn Hildebrandsson. (Upsala S. 25).

Herr Hildebrandsson legt 1896 der Pariser Konferenz ein Exemplar des internationalen Wolkenatlas vor, welcher in Gemäßheit eines Komiteebeschlusses herausgegeben worden ist. (Paris (1896) S. 19).

Der internationale Wolkenatlas enthält die international vereinbarte Klassifikation und Definition der Wolkenformen nebst Abbildungen typischer Formen, sowie die Instruktion für die Beobachtung der Wolkenformen.

Die in Innsbruck tagende Wolkenkommission nimmt an den bisherigen Definitionen einige Änderungen vor, die von der Konferenz angenommen werden und in einer neuen Auflage des Wolkenatlas Berücksichtigung finden sollen. (Innsbruck S. 35).

Dies geschah in der von den Herren Hildebrandsson und Teisserenc de Bort besorgten zweiten Auflage, Paris 1910. (Berlin S. 21, 22).

● „Die Konferenz empfiehlt den Herausgebern von meteorologischen Abhandlungen oder von Instruktionen für die Beobachter, die Definitionen der Wolken nach dem internationalen Atlas auf das genaueste ohne Änderung und Zusätze wiederzugeben, um zu einer vollständigen Einheitlichkeit in den Beobachtungen zu gelangen." (Innsbruck S. 35).

[Wien S. 11, 15, 48, 49; Kopenhagen S. 8; Paris (1885) S. 7; Zürich S. 2, 3; München S. 17, 18; Upsala S. 9, 23—26; Paris (1896) S. 19; Southport S. 9; Innsbruck S. 35, 55, 83, 107.]

Zone für Wolkenbeobachtungen.

● „Den Stationen der I. Ordnung ist ein Vergleich der gegenwärtigen Schätzungsmethode der Wolkenmenge mit derjenigen anzuempfehlen, die darin besteht, nur eine Zone am Zenit, z. B. von 60^0 oder 45^0, wie man es in Schottland macht, in Berücksichtigung zu ziehen." (Paris (1885) S. 8).

● „Die Konferenz empfiehlt, an einigen Stationen in jedem Lande vergleichende Beobachtungen der Bewölkung für den ganzen Himmel bei ganz freiem Horizont und für eine Zenitalzone von 45^0 und 60^0 anzustellen." (München S. 17, 69—72).

Höhe und Zug der Wolken.

● „Die Beobachtung der Richtung des Zuges der höheren Wolken, namentlich der Cirrus-Wolken, auf einigen Stationen eines jeden Landes wird dringend empfohlen, wie auch die Veröffentlichung derselben in einem Anhange." (Rom S. 16).

Über die Vereinbarungen, die zur Beobachtung von Höhe und Zug der Wolken während des internationalen »Wolkenjahres« 1896/97 und zum Teil noch später getroffen wurden, vergl. München S. 35; Upsala S. 9, 10, 26—29; Paris (1896) S. 39—41; St. Petersburg S. 4, 5, 15—20; Southport S. 9; Innsbruck S. 8, 9, 55.

• „Die Wolkenkommission hatte den Wunsch ausgesprochen, daß die Leiter der meteorologischen Observatorien zu gewissen, im voraus durch die Aeronautische Kommission bestimmten Zeiten simultane Wolkenbeobachtungen ausführen ließen. Nach Besprechung dieser Frage beauftragt das Komitee den Schriftführer, den Leitern der Observatorien mitzuteilen, daß die Organisation derartiger Beobachtungen überall wünschenswert sei." (Paris (1900) in Southport S. 1).

[Wien S. 21, 51; Rom S. 16, (Rapports) S. 273—275; Bern S. 54; Kopenhagen S. 8, 10; Paris (1885) S. 1, 5, 17—21; Zürich S. 3, 7, 8; München S. 35, 65, 66; Upsala S. 9, 10, 26—29; Paris (1896) S. 39—41; St. Petersburg S. 4, 5, 15—20; Southport S. 1, 9; Innsbruck S. 8, 9, 55; Paris (1907) S. 47, 48.]

Sonnenscheindauer.

• „Die Konferenz spricht den Wunsch aus, daß die Registrierung des Sonnenscheins möglichst ausgedehnt werde." (München S. 16).

• „Bei dem gegenwärtigen Stande der Wissenschaft ist vor allem Kenntnis der Zeitdauer, in welcher die Sonne sichtbar bleibt, zu erstreben; die Bestimmung der relativen Intensität sollte speziellen Untersuchungen vorbehalten bleiben.

Für allgemeine klimatologische Zwecke ist eine derartige Aufstellung der betreffenden Instrumente nötig, daß der Horizont nach allen Richtungen frei sichtbar sei. Die relative Sonnenscheindauer soll auf die gesamte mögliche Registrierungsdauer bezogen werden.

Es wird empfohlen, die Empfindlichkeit der Apparate möglichst zu erhöhen." (Paris (1896) S. 35).

Nach einer kurzen Besprechung der auf das Programm der Petersburger Konferenz gesetzten Frage: »Anweisungen über den Gebrauch der Sonnenscheinautographen« erklärt es das Komitee für vorteilhaft,

• „die Sonnenscheinregistrierungen auf wahre Zeit zu beziehen und dies am Kopfe der Tabellen anzuzeigen. Unter den gegenwärtigen Verhältnissen scheint der Sonnenscheinautograph Campbell noch dasjenige Instrument zu sein, dessen Angaben am leichtesten vergleichbar sind." (St. Petersburg S. 7).

[Bern S. 51, 52; München S. 16; Paris (1896) S. 35, 56; St. Petersburg S. 7.]

Aktinometrie.

Die Nützlichkeit und Notwendigkeit aktinometrischer Messungen ist auf den Konferenzen in Leipzig, Wien, Utrecht (1874), Rom, München, St. Petersburg und Southport eingehend erörtert worden, doch hielt man »die aktinometrischen Methoden immer noch nicht genügend sicher gestellt, um irgend eine derselben zur

Einführung in den regelmäßigen Beobachtungsdienst empfehlen zu können.« (München S. 12). Nachdem aber auf der Konferenz in Innsbruck das Angströmsche elektrische Kompensations-Pyrheliometer und -Aktinometer zu absoluten Messungen als geeignete Instrumente anerkannt worden waren, wurden, anknüpfend an einen Bericht des Herrn Violle und auf Antrag von Herrn Pernter, folgende Beschlüsse gefaßt:

● „Die Messungen der Gesamtstrahlung der Sonne sollen von den Zentralobservatorien und anderen, welche die Möglichkeit dazu haben, regelmäßig täglich wenigstens um 11^h a, beziehungsweise 11^h a bis 1^h p gemacht werden, und zwar ausschließlich mit dem Kompensationspyrheliometer von Angström.

Desgleichen sollen des Nachts um 10 Uhr, beziehungsweise 10 bis 12 Uhr Messungen der Ausstrahlung ausschließlich mit dem Kompensationsaktinometer von Angström gemacht werden." (Innsbruck S. 18).

Der Wunsch des Herrn Hann, daß stündliche Messungen der Strahlung wenigstens durch ein volles Jahr an einem tropischen Observatorium, vielleicht in Kairo, durchgeführt werden, wird ins Protokoll aufgenommen. (Innsbruck S. 19).

[Leipzig S. 9—10, 24, XXVIII, XXXII; Wien S. 62, 88, 98, 99, 104, 105; Utrecht (1874) S. 78; Rom S. 9, (Rapports) S. 169—184, 277—280; Bern S. 51; München S. 12; Paris (1896) S. 36; St. Petersburg S. 9, 38—60, 76; Southport S. 10, 65—70; Innsbruck S. 16—19, 56; Paris (1907) S. 8, 12, 53, 54; Berlin S. 20, 57, 58.]

Niederschläge.

Regen- und Schneemesser.

● „Betreffs der Aufstellungsart von Regenmessern beschränkt sich der Kongreß darauf, anzuempfehlen, daß man sie nie auf Dächern anbringt, sondern in einer solchen Höhe, daß sie weder von Schneetreiben noch vom Aufspritzen der auf den Erdboden fallenden Regentropfen und auch nicht von Bäumen und benachbarten Gegenständen irgendwie beeinflußt werden können." (Rom S. 10).

Dieser Beschluß wurde auf der Münchener Konferenz im wesentlichen wiederholt (München S. 14), während man in Leipzig (S. 27) noch $2^1/_2$ m und in Wien (S. 22 und 52) 1 bis $1^1/_2$ m über dem Boden als die zweckmäßigste Höhe des Regenmessers angegeben hatte.

● „Der Kongreß erachtet es für das zweckmäßigste, allen Regenmessern ein kreisrundes Auffanggefäß von $^1/_{10}$ qm Fläche zu geben und den Rand desselben mit einem konisch geformten, ausgedrehten starken Messingring zu versehen." (Wien S. 22, 52).

● „Für Stationen II. und III. Ordnung[1]) hält der Kongreß Regenmesser von 20 oder selbst 10 Zentimeter Durchmesser für genügend." (Rom S. 10).

----

[1]) Im Text steht in Wahrheit »Ranges«.

[Leipzig S. 27, IX, XXXIV; Wien S. 22, 52, 102—104; Utrecht (1874) S. 12, 13; Rom S. 10, (Rapports) S. 23—27; Bern S. 53; Paris (1885) S. 45—47; München S. 14; Paris (1896) S. 37—39.]

Schneemessungen.

Die Schwierigkeit der genauen Schneemessung wird in Paris (1885) und München besprochen, aber kein diesbezüglicher Beschluß gefaßt. Die in den verschiedenen Ländern befolgten Methoden der Schneemessung findet man in München S. 80—98 beschrieben.

In Paris (1885) S. 9, 10 und München S. 14 werden bei der Gelegenheit folgende Übersetzungen vereinbart:

- „Schneetreiben = chasse-neige = drifting snow.

  Schneegestöber = tourmente de neige = snow storm.“

[Paris (1885) S. 9, 10, 45—47; München S. 14, 80—98; Berlin S. 17, 53, 54.]

Beobachtungstermine.

- „Überall, wo es geschehen kann, soll die Messung des Niederschlages gleich nach dem Ende des Niederschlages geschehen; außerdem wird dafür die erste Beobachtungsstunde des Tages empfohlen. Die gemessene Regenmenge ist dann in den Tabellen für den vorausgegangenen Tag einzuschreiben.“   (Wien S. 22, 53).

- „Was die Art der Zeitangabe des Regenfalls betrifft, soll, wenn der Regen während der Nacht gefallen ist, der Buchstabe n an Stelle der resp. Buchstaben a. m. oder p. m. gebraucht werden.“ (London S. 7).

[Wien S. 22, 53; London S. 7, 15; Zürich S. 3, 4; München S. 13, 14.]

Niederschlagstage.

- „Der Kongreß schlägt vor, daß man in den Beobachtungstabellen in der Rubrik „Bemerkungen“ die Art des Niederschlages durch die vom Kongreß festgesetzten Symbole bezeichne, daß man ferner im Monatsresumé die Summe aller Tage mit Niederschlägen angebe und die Zahl der Tage mit Schnee, Hagel, Graupeln noch besonders erwähne. Als Schneetage sind auch solche zu zählen, an welchen Schnee und Regen fiel.

In den Veröffentlichungen des Jahresresumés soll ferner ersichtlich sein:

a) das Maximum des Niederschlages innerhalb 24 Stunden von Monat zu Monat;

b) (vom Kongresse jedoch nur empfohlen) die Zahl jener Niederschlagstage welche unter 1 Millimeter und die Zahl jener, welche unter $1/4$ Millimeter haben.« (Wien S. 23, 53; Utrecht (1874) S. 80, 81).

- „Um einen Ausgangspunkt für die Vergleichung der Zahl der Regentage zu gewinnen, empfiehlt das Komitee, außer dem schon gebräuchlichen Systeme in den Übersichtstabellen die Zahl der Regentage, Schneetage usw., wo Niederschlag von 1 mm oder mehr an Wasser gefallen ist, anzugeben." (Zürich S. 5).

● „Die Konferenz empfiehlt in den Resumés neben den im betreffenden System üblichen Grenzen allgemein noch die Zahl der Tage mit wenigstens 0,1 mm und, wenn es möglich ist, auch von mindestens 1 mm Niederschlagshöhe inklusive zu geben." (München S. 13).

Dieser Beschluß wurde auf der Pariser Konferenz 1896 (S. 11) mit denselben Worten wiederholt.

● „Das Komitee ist der Ansicht, daß man den nach dem Niederfallen [sogleich] schmelzenden Schnee als S c h n e e ansehen soll." (Southport S. 15).

● „In Ermangelung eines besonderen Instrumentes für die Taumessung pflegt man auf den Stationen II. Ordnung den durch Regen oder Tau gelieferten Niederschlag ohne Unterschied in der Spalte für Niederschlag anzugeben. Die Konferenz würde es aber für sehr nützlich erachten, wenn an Orten mit starker Taubildung besondere Untersuchungen über die Quantität des letzteren für sich angestellt und publiziert würden." (München S. 13).

[Leipzig S. 28; Wien S. 23, 53; Utrecht (1874) S. 80, 81; Paris (1885) S. 8, 45, 46, 48; Zürich S. 5; München S. 12, 13; Southport S. 15.]

Regendauer.

● „In den Bemerkungen soll auch, wo möglich, die Dauer des Niederschlages, in Stunden ausgedrückt, angegeben werden." (Wien S. 22, 23, 53).

Vgl. auch S. 18.

[Wien S. 22, 23, 53; Bern S. 3, 35; Kopenhagen S. 3; München S. 13.]

Schneedecke.

● „Wenn mehr als die Hälfte des Bodens in der Umgebung einer Station mit Schnee bedeckt ist, so wird dies durch das Symbol ⊠ (Quadrat mit eingeschlossenem Zeichen für Schnee) bezeichnet." (München S. 20).

Im Anschluß daran hat Herr Hellmann auf der Southporter Konferenz (S. 13) in Anregung gebracht: Anstatt in der Spalte »Bemerkungen« der in extenso veröffentlichten Beobachtungen durch das Symbol ⊠ bloß die Tatsache anzugeben, daß der Erdboden mit Schnee bedeckt ist, empfiehlt es sich, am Morgentermin die Höhe der Schneedecke wirklich zu messen und diese Höhen in einer besonderen Spalte zu veröffentlichen. Daraufhin wurde beschlossen:

● „Das Komitee erachtet es für erforderlich, die bisherige Beobachtungsweise und das Symbol ⊠ beizubehalten, hält es aber auch für wünschenswert, für die Stationen, an denen derartige Messungen regelmäßig ausgeführt werden, die Höhe der Schneedecke über dem Erdboden zu veröffentlichen." (Southport S. 13).

[Wien S. 23; München S. 20, 80—98; Southport S. 13, 73.]

Verdunstung.

● „Da die Leistungsfähigkeit aller Verdunstungsmesser noch nicht genügend festgestellt ist, so beantragt der Kongreß:

1. Verdunstungsbeobachtungen vorläufig nur an den meteorologischen Observatorien I. Ordnung allgemein vorzunehmen;

2. durch sorgfältige Untersuchungen festzustellen, welchen Einfluß die Beschaffenheit des Materials, aus welchem die Apparate verfertigt sind (Metall, Glas, gebrannter Ton), dann die Farbe der Apparate und die Randhöhe des Verdunstungsgefäßes auf die Resultate hat;

3. daß Verdunstungsmessungen mit Schwimmapparaten auf größeren Wasserflächen, wo es tunlich ist, vorgenommen werden mögen." (Wien S. 24, 57).

● „Der Kongreß weist auf die Anforderungen hin, denen im allgemeinen die Verdunstungsmesser genügen müssen, um Vergleichungen zu ermöglichen und spricht die Ansicht aus, daß es notwendig ist, neue Forschungen vorzunehmen, um die Gestalt und die Aufstellungsart der anzuwendenden Instrumente zu bestimmen." (Rom S. 9).

● „Wenn das Komitee auch die Wichtigkeit dieser Forschungen anerkennt, so ist es doch nicht der Meinung, daß irgend ein Beschluß oder eine Empfehlung noch eingehender als die schon bestehenden gefaßt werden könne, da die Forschung über Verdunstung im allgemeinen keine merklichen Fortschritte seit dem Kongreß zu Rom gemacht habe." (Kopenhagen S. 4).

● „Mehrere Mitglieder äußern ihre Ansicht über diese schwierige Frage; das Komitee entscheidet sich dafür, bei dem über die Frage der Verdunstung auf dem Kongreß in Rom gefaßten Beschluß zu verbleiben." (Upsala S. 6).

● „Das Komitee nimmt mit Vergnügen Kenntnis von den in Argentinien und Kalifornien gemachten Untersuchungen über Verdunstung, glaubt aber nicht, daß es schon möglich ist, einen Verdunstungsmesser zur allgemeinen Einführung zu empfehlen." (Berlin S. 17).

[Leipzig S. 28, XXI, XXII, XXXV; Wien S. 24, 57; Rom S. 9, 66, (Rapports) S. 91—95, 123—124; Bern S. 52, 53; Kopenhagen S. 3, 4; Upsala S. 6.]

Art der Notierung meteorologischer Erscheinungen.

Internationale Symbole und Abkürzungen.

● „Für die Bezeichnung der Hydrometeore und sonstigen Erscheinungen werden folgende Symbole vorgeschlagen:

Regen . . . . ●   Schneegestöber . . . . . ⊹

Schnee . . . . ✳   Eisnadeln . . . . ←

Gewitter (Blitz und Donner) ʁ[1]   Schneedecke am Boden . . ⊠[3]

Ferngewitter (Donner) . . . ⊤[1]   Starker Wind . . . . . . ⊔

Blitz ohne Donner (Wetter   Stürmischer Wind . . . . ⊔

leuchten) . . . . ∢[1]   Sonnenschein . . . . . . ⊙

Hagel . . . . ▲   Sonnenring . . . . ⊕[4]

Graupeln . . . . △   Sonnenhof . . . . ◑[4]

Nebel . . . . ≡   Mondring . . . . ▽[4]

Bodennebel . . . . . . ≡[2]   Mondhof . . . . ◡[4]

Nässender Nebel . . . . ≡⋮[2]   Regenbogen . . . . . . ⌒

Reif . . . . ⊔   Nordlicht . . . . ◠

Tau . . . . ⌒   Zodiakallicht . . . . . . ◗[5]

Rauhfrost, Duft . . . . . ∨   Höhenrauch . . . . . . ∞

Glatteis . . . . ∾

In Beziehung auf ihre Stärke werden die einzelnen Erscheinungen durch die Zahlen 0, 1 und 2 unterschieden, welche als Exponenten dem Symbol beigefügt werden in der Art, daß 0 sehr schwach, 2 stark bedeutet, z. B.

●[0] schwacher Regen, ●[2] starker Regen.“ (Wien S. 24, 48, mit Berücksichtigung der späteren Beschlüsse München S. 20, Paris (1896) S. 34, Southport S. 12 und Innsbruck S. 35).

● „Mit Bezug auf den Antrag auf Änderung der internationalen Symbole kommt man überein, die vom Wiener Kongresse empfohlenen Symbole nicht zu ändern, mit alleiniger Ausnahme der Einführung der Angabe der Böen dadurch, daß neben das Symbol für „starken Wind“ dasjenige des Phänomens, wie „Regen“ oder „Schnee“ gesetzt wird.“ (Kopenhagen S. 2).

Da das Symbol ⊔ bald für starken, bald für stürmischen Wind gebraucht wurde, wird auf eine von Herrn Hellmann ausgehende Anregung beschlossen:

● „Der Gleichmäßigkeit halber empfiehlt es sich, den Wiener Beschluß zu rektifizieren und das Symbol ⊔ nur für stürmischen Wind zu gebrauchen.“ (Berlin S. 15).

---

[1]) Vergl. auf S. 19 die Unterabteilung »Gewitter«.
[2]) Vergl. S. 19 oben.
[3]) Vergl. S. 15 und 16.
[4]) Vergl. auf S. 20 die Unterabteilung »Optische Erscheinungen«.
[5]) Vergl. auf S. 20 die Unterabteilung »Zodiakallicht«.

- „Mit a. m. sind die ersten 12 Stunden und mit p. m. die folgenden 12 Stunden des von Mitternacht bis Mitternacht gezählten Tages zu
bezeichnen." (Wien S. 19; Utrecht (1874) S. 84).

[Es hat sich vielfach eingebürgert, nur die Buchstaben a und p für die Vor-
und Nachmittagsstunden zu gebrauchen, wobei 12^a = Mittag, 12^p = Mitternacht ist.
Bei ganzen Stunden setzt man a und p als Exponenten, z. B. 3^a, 4^p; sind Stunden
und Minuten angegeben, dann werden die Minuten in der Form eines Exponenten
zur Stunde und a bezw. p auf derselben Höhe mit der Stunde dahinter gesetzt,
z. B. 11^{24}a, 2^{51}p. Vgl. auch den Abschnitt »Zeiteinteilung« S. 26.]

- „Was die Art der Zeitangabe des Regenfalls betrifft, soll, wenn
der Regen während der Nacht gefallen ist, der Buchstabe n an Stelle
der resp. Buchstaben a. m. oder p. m. gebraucht werden." (London S. 7).

- „Es wurde beschlossen, folgende einfachere Bezeichnungen anzuwenden. Es bedeutet der der Zahl oder dem Symbol beizusetzende Buchstabe:

    a Morgen (zwischen der 1. und 2. täglichen Beobachtung),
    p Abend („   „ 2. „ 3.   „   „   ),
    n Nacht („   „ 3. „ 1.   „   „   )."
    (Kopenhagen S. 3).

Auf der Southporter Konferenz schlägt Herr Hellmann, in Erweiterung eines
von Herrn Köppen in Kopenhagen gemachten Antrages, vor:

Es wird empfohlen, in der Spalte »Bewölkung« rechts unten von der Bewöl-
kungsziffer einen Index hinzuzufügen, der Regen, Schnee, Nebel, Hagel oder Sonnenschein im Augenblick der Beobachtung bedeutet. Beispiele: $8_⊛$, 6_*, $7_△$, $4_⊙$, $5_▬$ usw.

Daraufhin wird beschlossen:

- „Das Komitee erachtet es, ohne auf die angegebene Methode
Gewicht zu legen, in jedem Falle für wünschenswert, diejenigen der genannten Erscheinungen, welche im Augenblick der Beobachtung stattfinden, in den Journalen kenntlich zu machen." (Southport S. 12).

[Leipzig S. 29; Wien S. 15, 19, 24, 43, 44, 48; London S. 7, 15; Bern S. 3, 34,
35; Kopenhagen S. 2, 3; München S. 19, 20; Southport S. 12, 72, 73; Berlin S. 15, 45, 47.]

Hydrometeore.

- „Als Hagel ist zu bezeichnen der Niederschlag gefrorenen Wassers,
bei dem die Körner eine solche Größe erreichen, daß in landwirtschaftlicher Beziehung möglicherweise Schaden verursacht werden konnte."
(Wien S. 10, 41).

[Kleine Körner von klarem Eis, die keine Graupelkörner sind, pflegt man
als Eisregen zu bezeichnen. Ein Symbol für diese gar nicht seltene Erscheinung
ist nicht vorhanden; unseres Wissens hat man auf den internationalen Konferenzen
von ihr bis jetzt nicht gesprochen.]

- „Zu bemerken ist, daß Nebel nur verzeichnet werden soll, wenn
der Beobachter von Nebel umgeben ist." (Wien S. 15, 48).

● „Die Konferenz empfiehlt, einen kaum zur Manneshöhe emporreichenden Nebel als Bodennebel zu bezeichnen und hierfür das Zeichen ≡ einzuführen. Zugleich wird ausdrücklich bemerkt, daß „Nebel im Tale", wenn er von einer höher gelegenen Station beobachtet wird, für diese Station nicht als Bodennebel gilt." (München S. 20).

● „Die Kommission hält es für wünschenswert, wie Herr Pernter vorschlägt, den Nebel, welcher näßt, von jenem zu unterscheiden, welcher keine Niederschläge hervorbringt, und macht das internationale Komitee auf das von Herrn Pernter vorgeschlagene Zeichen ≡: aufmerksam." (Innsbruck S. 35).

● „Mit Glatteis ist der glatte, mit Rauhfrost der rauhe Überzug zu bezeichnen." (München S. 20).

Siehe oben die Abschnitte „Niederschläge" und „Schneedecke".

[Leipzig S. 28; Wien S. 10, 15, 40, 41, 43, 44; Utrecht (1874) S. 81; München S. 19, 20; St. Petersburg S. 8; Southport S. 15; Innsbruck S. 35, 83—86.]

Elektrische, optische und andere Erscheinungen.

Gewitter.

● „Zur Erlangung besser vergleichbarer Zahlen empfiehlt es sich, nur die Gewittertage zu zählen; dabei ist jedoch nicht ausgeschlossen, daß der einzelne Beobachter in der Rubrik „Bemerkungen" auch noch die Zahl der Gewitter, die Zeit ihres Auftretens, ihre Dauer, Richtung usw. notiert.

Als Gewittertag wird nur ein solcher gerechnet, an welchem Blitz und Donner beobachtet wurden; sind nur Blitze ohne Donner vorgekommen, so wird in das Beobachtungs-Journal Wetterleuchten eingetragen." (Wien S. 11, 41—43).

Infolge einer Anfrage des Herrn Rotch über die Begriffsbestimmung des Gewitters wird auf Antrag des Herrn Angot Folgendes angenommen:

● „1. Die Hinzufügung des Zeichens Т zu den durch den Wiener Kongreß angenommenen internationalen Symbolen zur Bezeichnung der Tage, an denen entfernter Donner wahrgenommen wurde.

2. Das Zeichen ⋖ bleibt für entfernte und diffuse (Flächen-) Blitze (Wetterleuchten, Sheet-lightning) in Anwendung.

3. Das Symbol ⃢⋖ dient zur Bezeichnung der Fälle, wo Blitz und Donner zugleich beobachtet worden sind.

4. Die Zahl der Gewittertage wird in den Zusammenstellungen nach Möglichkeit für jeden dieser drei Fälle gesondert angegeben werden." (Paris (1896) S. 34).

Weitere Erörterungen, jedoch keine Beschlüsse, über die zur Bezeichnung der Gewitter bestimmten Zeichen findet man im Bericht von St. Petersburg S. 8 und von Southport S. 15.

• „Die Kommission hält dafür, daß sich die Gewitterregistratoren noch im Stadium der Untersuchung befinden und kann daher jetzt noch nicht die allgemeine Einführung dieser Instrumente den Observatorien empfehlen." (Innsbruck S. 32).

[Leipzig S. 28, X; Wien S. 11, 41—43; Paris (1896) S. 34; St. Petersburg S. 8; Southport S. 15; Innsbruck S. 32, 81.]

Optische Erscheinungen.

Nachdem in Paris 1885 Herr v. Neumayer auf den Mangel einer Definition der Zeichen für Höfe und Ringe hingewiesen hatte, wurde auf seinen Antrag in München folgender Beschluß gefaßt:

• „Zur Erklärung diene folgendes Schema:

Corona (Hof) Radius 6—15⁰ $\begin{cases} \text{Sonnenhof } \oplus \\ \text{Mondhof } \cup \end{cases}$

Halo (Ring) Radius 22—46⁰ $\begin{cases} \text{Sonnenring } \oplus \\ \text{Mondring } \sqcup \end{cases}$

(München S. 19).

• „Es möge den Stationen die genaue Beobachtung der atmosphärischen Lichterscheinungen eindringlich empfohlen werden und eine entsprechende Instruktion hierüber von den Zentralinstituten ausgegeben werden." (Innsbruck S. 22, 23).

• „Das Komitee hat von den Untersuchungen des Herrn Palazzo mit Vergnügen Kenntnis genommen und hofft, daß solche Polarisationsbeobachtungen an anderen Observatorien gemacht werden." (Berlin S. 17).

[Paris (1885) S. 8; München S. 19; Innsbruck S. 22, 23, 87—92; Berlin S. 17, 51—53.]

Funkeln der Sterne.

• „Das Komitee erachtet es für untunlich, einen Beschluß über diese Frage zu formulieren, welche Gegenstand besonderer Bestimmungen seitens der verschiedenen Zentralstellen bleiben muß." (Upsala S. 6, 19—21).

Zodiakallicht.

Auf die von Rev. P. Froc gestellte Frage, ob für das Zodiakallicht in den meteorologischen Beobachtungsjournalen ein eigenes Zeichen, z. B. ⅄ angenommen werden soll, wird auf Antrag des Herrn Pernter beschlossen:

• „Die Beobachtung des Zodiakallichtes und die Verwendung des Zeichens ⅄ für die Bezeichnung desselben wird von der Konferenz empfohlen." (Innsbruck S. 27, 106).

Höhenrauch.

• „Höhenrauch ist nicht bloß durch das betreffende Symbol zu bezeichnen, sondern es ist gleichzeitig die dabei stattfindende Trübung der Atmosphäre bei der Bewölkung zu berücksichtigen." (Wien S. 15, 48).

Kleine Luftwirbel.

Herr B. Brunhes lenkt auf der Innsbrucker Konferenz die Aufmerksamkeit der Meteorologen auf das Studium der ganz kleinen Luftwirbel (Wirbel von Sand, Staub, Laub, Ameisen usw.), deren Durchmesser nur einige Meter oder gar nur einige Zentimeter beträgt. Man müsse hierbei genau notieren: 1. den Sinn der Rotation, um festzustellen, ob nicht eine lokale Ursache denselben derart bestimmt, daß eine entgegengesetzte Rotation ausgeschlossen ist, 2. die mittlere Dauer einer Rotation, 3. ob der Wirbel von einem Luftstrom mitgeführt ist und die Geschwindigkeit dieses Stromes. Die Konferenz nimmt folgende diesbezügliche Resolution an:

● „Die Konferenz drückt ihr Interesse an den Ausführungen des Herrn Brunhes aus und empfiehlt die Beobachtung kleiner Wirbel, besonders auch auf der Südhemisphäre." (Innsbruck S. 25, 26).

Ozon.

● „Der Kongreß findet für diese schwierige Frage, den Ozon-Gehalt der Luft zu bestimmen, beim jetzigen Stande der Wissenschaft keine definitive Lösung möglich." (Rom S. 10).

[Leipzig S. 29; Wien S. 12, 13, 45, 46; Rom S. 10, 64, (Rapports) S. 83—85; Berlin S. 20, 57.]

Gletscher.

● „Der Kongreß lenkt die Aufmerksamkeit der Meteorologen auf die Bedeutung, welche das Messen der Schwankungen in der Länge und Dicke der Gletscher in den einzelnen Ländern haben würde, um daraus die Beziehungen, welche zwischen diesen Schwankungen und jenen der meteorologischen Elemente bestehen, herleiten zu können.

Zur Erweiterung unserer Kenntnisse über diesen Gegenstand empfiehlt der Kongreß:

a) eine vollständige kritische Zusammenstellung der früher gemachten Beobachtungen über die Schwankungen des Volumens der Gletscher auszuarbeiten;

b) in Zukunft an zweckmäßig gewählten Stellen ununterbrochene Beobachtungen über die jährlichen Schwankungen der Gletscher in Länge und Dicke anstellen zu lassen und deren Ergebnisse zu veröffentlichen.

Der Kongreß hofft bei diesen Forschungen auf die Mitwirkung des Alpenklubs und anderer ähnlicher Gesellschaften rechnen zu dürfen." (Rom S. 20).

[Utrecht (1878) S. 12—14; Rom S. 20; Bern S. 9, 55, 56.]

Grundwasserstand.

● „Die Grundwassermessungen, Bestimmung der durch den Boden sickernden Wassermenge usw., sind zwar an sich wichtig, sind aber, als nicht zur Meteorologie gehörig, von den gegenwärtigen Verhandlungen auszuschließen." (Wien S. 13).

[Leipzig S. 29; Wien S. 13, 46.]

Erdbeben.

● „Das Komitee empfiehlt, daß die meteorologischen Institute zu seismologischen Beobachtungen beitragen." (St. Petersburg S. 6).

[Nach Gründung der Organisation der internationalen Erdbebenforschung in Straßburg 1903 sind die meteorologischen Konferenzen von der Behandlung dieser Fragen befreit.]

[Rom S. 2, (Rapports) S. 257—260; Bern S. 54; St. Petersburg S. 5, 6, 61.]

Wetterbuch.

Auf die Anregung des Herrn Pernter, allen Stationen die Führung eines »Wetterbuches« anzuempfehlen, in welchem der Verlauf der Witterung eines jeden Tages mit einer kurzen Charakterisierung derselben in Worten knapp beschrieben wird, als Ergänzung der instrumentellen Beobachtungen wird ein diesbezüglicher Antrag in der von Herrn Hellmann vorgeschlagenen Fassung angenommen:

● „Es wird den meteorologischen Stationen empfohlen, in Ergänzung der instrumentellen Beobachtungen, den Verlauf der Witterung eines jeden Tages mit einer kurzen Charakterisierung derselben in Worten knapp zu beschreiben." (Innsbruck S. 22, 86, 87).

Böen.

● „Die vom Wiener Kongresse empfohlenen Symbole sind nicht zu ändern, mit alleiniger Ausnahme der Einführung der Angabe der Böen dadurch, daß neben das Symbol für „starken Wind" dasjenige des Phänomens, wie „Regen" oder „Schnee" gesetzt wird." (Kopenhagen S. 2).

Nachdem der Antrag des Herrn Durand-Gréville, die Böen auf internationalem Wege genauer zu erforschen, in einer eigenen Kommission der Innsbrucker Konferenz durchberaten worden war, nimmt die Konferenz selbst folgende allgemeine, von der Kommission gefaßte Beschlüsse an:

● 1. „Die Konferenz möge mit dem Studium der Böen die Herren Durand-Gréville, Hildebrandsson und Shaw betrauen."

2. „Die meteorologischen Institute, mit Einschluß der aeronautischen, werden aufgefordert, diesen Herren auf ihr Ansuchen die für die Zeichnung genauer Isobarenkarten von Millimeter zu Millimeter notwendigen Beobachtungen mit den Originaldiagrammen oder photographischen Kopien der Registrierungen von Luftdruck, Temperatur und Wind für eine Anzahl von Tagen, ungefähr zehn per Jahr, zum Studium der Böenerscheinungen zu übersenden."

3. „Es ist wünschenswert, daß die Observatorien, welche große Registrierapparate besitzen, eine Liste und, wenn möglich, auch die Diagramme der bedeutendsten Störungen, welche an der Station vorübergezogen sind, publizieren, wie es das Observatorium von Magdeburg und das meteorologische Institut von Sachsen tun."

4. „Die Kommission ist der Ansicht, daß die Auswertung der Kurven von dem besonderen Zwecke abhängt, welchen man im Auge hat und daß unmöglich allgemeine Bestimmungen hierüber gegeben werden können." (Innsbruck S. 29).

Das Internationale Meteorologische Komitee stimmt dem von der Böen-Kommission gefaßten Beschluß, sich aufzulösen, zu, wünscht aber, daß den mit solchen Untersuchungen beschäftigten Gelehrten das dazu nötige Material möglichst liberal zugänglich gemacht werde. (Berlin S. 14, 15).

[Kopenhagen S. 2; Innsbruck S. 29, 40—43, 116—118.]

Ballon- und Drachenbeobachtungen.

In Erledigung eines Briefes von dem Präsidenten des Kongresses für atmosphärische Wissenschaften [1]) in Antwerpen (1894), Herrn Generalleutnant Wauwermans, an das Internationale Meteorologische Komitee schlägt Herr Hepites die folgende, von dem Komitee angenommene Resolution vor:

● „Das Internationale Meteorologische Komitee legt den mit Hilfe systematischer Aufstiege von Luftballons ausgeführten Untersuchungen den größten Wert bei und hofft, daß die hierauf bezüglichen an verschiedenen Orten ins Leben gerufenen Unternehmungen fortgesetzt und vermehrt werden." (Upsala S. 8).

Auf der 1896 in Paris abgehaltenen Konferenz hebt Herr v. Bezold mit Bezug auf die Arbeiten auf dem Gebiete der aeronautischen Meteorologie das große Interesse hervor, welches gleichzeitige, in verschiedenen Ländern in große Höhen ausgeführte Aufstiege darbieten müssen. In einer besonderen Zusammenkunft derjenigen Mitglieder der Konferenz, welche sich speziell mit aeronautischen Beobachtungen beschäftigen, wird beschlossen, die nachstehenden Resolutionen der Konferenz zur Genehmigung vorzulegen:

● „1. Die Konferenz erkennt die große Wichtigkeit der aeronautischen Experimente für die meteorologische Wissenschaft an und äußert den Wunsch der Förderung und Vermehrung wissenschaftlicher Aufstiege.

2. Die Konferenz betont die Zweckmäßigkeit gleichzeitiger wissenschaftlicher aeronautischer Experimente von verschiedenen Stationen aus, sei es mit bemannten, sei es mit Registrier-Ballons.

3. Bei der gegenwärtigen Sachlage kann die Konferenz weder spezielle Methoden, noch besondere Apparate empfehlen; jedoch hält sie den Gebrauch möglichst gleichartiger Instrumente bei den gleichzeitigen Aufstiegen der Registrier-Ballons für geboten.

4. Eine möglichst beschleunigte Veröffentlichung der rohen Beobachtungen, besonders derjenigen, die während der gleichzeitigen Aufstiege angestellt werden, ist von größter Wichtigkeit.

5. Es ist wünschenswert, daß die Beobachtungen der unbemannten Fesselballons regelmäßig ausgeführt werden.

---

[1]) Congrès de l'atmosphère organisé sous les auspices de la Société royale de géographie d'Anvers 1894. Compte Rendu. Anvers 1895. 8°.

6. Die günstigen auf dem Blue-Hill mit Drachen erzielten Ergebnisse, welche Registrierapparate bis zu 2000 m hinauftragen, lassen ähnliche Untersuchungen auch an anderen Orten als erstrebenswert erscheinen." (Paris (1896) S. 18).

Diese Resolutionen werden von der Konferenz angenommen, und zugleich wird zur weiteren Förderung dieser Fragen eine besondere aeronautische Kommission eingesetzt, die später den Namen »Internationale Kommission für wissenschaftliche Luftschiffahrt« annahm. (Paris (1896) S. 19).

• „Das Internationale Komitee, in Übereinstimmung mit dem von der Internationalen Aeronautischen Kommission zu Berlin gefaßten Beschluß, erachtet die Erforschung der Atmosphäre über den tropischen Meeren mit Hilfe von Drachen auf einem für diesen Zweck ausgerüsteten Dampfer, ein Unternehmen, wie es zuerst durch Herrn Rotch im Jahre 1901 in Aussicht genommen war, als eine der wichtigsten meteorologischen Arbeiten für die Zukunft." (Southport S. 16).

• „Das Internationale Komitee ist, in Übereinstimmung mit dem durch die Internationale Aeronautische Kommission zu Berlin gefaßten Beschlusse, der Meinung, daß die so wünschenswerte Fortsetzung der internationalen simultanen Ballonfahrten im Interesse der Wissenschaft auch die Fortsetzung der regelmäßigen Veröffentlichung der dabei erhaltenen Resultate erfordert." (Southport S. 17).

Das Komitee nimmt diesen Vorschlag des Herrn Hergesell an und drückt der Deutschen Regierung seinen Dank für die Geldmittel aus, die sie für die Veröffentlichung dieser wichtigen Beobachtungen von 1900 bis 1904 bewilligt hat.

Nach Beratung der von der »Internationalen Kommission für wissenschaftliche Luftschiffahrt« auf ihrer Tagung in Monaco 1909 gepflogenen Verhandlungen werden vom Internationalen Meteorologischen Komitee in Berlin 1910 folgende drei Beschlüsse gefaßt:

• „Das Komitee beglückwünscht die aeronautische Kommission zu den unter ihrer Obhut in der Erforschung der höheren Luftschichten gemachten Fortschritten und macht sich die im Bericht von Professor Hergesell (Berlin S. 31—35) enthaltenen Beschlüsse zu eigen."

• „Das Komitee spricht den Wunsch aus, daß Schritte getan werden zur Erhöhung der Publikationsfonds der internationalen aerologischen Beobachtungen, damit diese möglichst auf dem laufenden sind, am besten durch das Hinzutreten von Staaten, die sich mit Beiträgen noch nicht beteiligen."

• „Das Komitee stellt mit Befriedigung fest, daß in verschiedenen Ländern die von der aeronautischen Kommission bei ihrer Tagung in Monaco gewünschten Beobachtungen neuerdings bereits begonnen worden sind, und fügt den Wunsch hinzu, daß sich auch die übrigen Staaten, in denen solche noch fehlen, an der fortlaufenden meteorologischen Erforschung der höheren Luftschichten beteiligen." (Berlin S. 9).

[Wien S. 64; London S. 11; Rom S. 19, 78, (Rapports) S. 53—70, 127—136; Bern S. 9, 54; Upsala S. 8, 22; Paris (1896) S. 5, 18, 19, 69—70; St. Petersburg S. 5, 21—37; Southport S. 8, 9, 16, 17, 21—36; Innsbruck S. 36; Paris (1907) S. 8, 20—28, 73; Berlin S. 9, 20, 31—36, 58.]

Beobachtungstermine.

● „Als passende Stundenkombinationen empfiehlt der Kongreß:

6^h	2^h	10^h	8^h	2^h	8^h Temperatur-Minimum		8^h	8^h
7	2	10	9	3	9	„	„	9	9
7	1	9	10	4	10	„	„	10	10
7	2	9							

Da die drei letzterwähnten äquidistanten zweimaligen täglichen Beobachtungen zwar gute Tagesmittel der Temperatur geben, aber die tägliche Variation der Wärme nicht erkennen lassen, ist neben diesen Kombinationen die gleichzeitige Verwendung von Maximum- und Minimumthermometern (aber mit der nötigen Aufmerksamkeit, welche diese Instrumente erheischen) zu empfehlen." (Wien S. 24, 53, 54).

Die wichtige Frage einer Einigung in den Beobachtungsterminen aller Länder ist in Leipzig, Wien, London, Paris (1885) und München besprochen worden. Wegen der Schwierigkeiten, welche eine Abänderung der Beobachtungszeiten mit sich bringt, einigt man sich nur zu folgender Beschlußfassung:

● „Das Komitee hält sich nicht für ermächtigt, einen Beschluß zu fassen, lenkt jedoch die Aufmerksamkeit der Vorsteher der Beobachtungsnetze auf den Nutzen eines einheitlicheren Systemes, indem man sich z. B. den anscheinend am allgemeinsten eingeführten Stunden 7^h a. m., 2^h und 9^h p. m. näherte." (Paris (1885) S. 13).

Ähnlich in München:

● „Die Konferenz ist der Ansicht, daß die Frage ebenso wichtig wie schwierig ist und daß eine allgemeine Annäherung an die gebräuchlichsten Stunden (nämlich 7^a, 2^p, 9^p) höchst wünschenswert ist." (München S. 22).

● „Das Komitee empfiehlt, in den Einleitungen zu den Jahrbüchern, die meteorologische Beobachtungen enthalten, stets anzugeben, ob sie nach Lokal- oder Einheitszeit gemacht werden." (Berlin S. 11).

[Leipzig S. I, XXXV; Wien S. 24, 53, 54, 81, 88, 89; London S. 12; Rom (Rapports) S. 1—8; Paris (1885) S. 11—13; München S. 22.]

Simultane Beobachtungen.

[Wegen der früheren Verhandlungen über simultane Beobachtungen, die eine Zeitlang angestellt wurden, vergl. Wien S. 27, 58; Utrecht (1874) S. 11, 12, 20; London S. 5; Rom S. 17, 18, 73, (Rapports) S. 9—16; Bern S. 3.]

Auf eine von Herrn Bjerknes ausgehende Anregung wurde 1910 folgender Beschluß gefaßt:

- „Das Komitee erkennt den hohen wissenschaftlichen Wert von Studien in dynamischer Meteorologie an und empfiehlt den meteorologischen Zentralinstituten, für die Tage, an denen internationale meteorologische Aufstiege stattfinden, ein möglichst reichhaltiges Material von Stundenbeobachtungen nach Greenwich-Zeit zu sammeln und in billiger Weise zu vervielfältigen. Kopien sollten auf speziellen Antrag den einzelnen Forschern zur Verfügung gestellt werden. Es wäre wünschenswert, unter Umständen auch Kopien der Registrierkurven zu liefern." (Berlin S. 11, 38—41).

Zeiteinteilung. Mittelbildung.

- „Als Einheiten sind zu wählen:

1. Der mittlere Sonnentag, von Mitternacht zu Mitternacht der Beobachtungsorte gerechnet.

2. Das Kalenderjahr.

3. Die Monate.

4. Die Pentaden nach Dove (73 im Jahre).

Die Berechnung und Publikation der Temperatur-Pentaden wird für eine größere Anzahl von Stationen in jedem Beobachtungsnetze, deren Auswahl dem Zentralinstitute der Länder überlassen bleibt, empfohlen."

„Es wird beschlossen, überall den bürgerlichen Monat beizubehalten und die Monatsmittel als rein arithmetische Mittel zu bilden; ferner soll das Mittel der zwölf Monatsmittel als Jahresmittel gelten." (Wien S. 18, 19).

Ferner wird beschlossen:

- „1. Den Zeitraum von 24 Stunden in folgender Weise zu bezeichnen: die ersten zwölf Stunden von 1—12 als Vormittag, die folgenden gleichfalls von 1—12 zu zählenden Stunden als Nachmittag.

2. Mitternacht (12 Uhr Nachmittag) immer als Ende des Tages zu betrachten, ebenso Mittag (12 Uhr Vormittag) als Schluß des Vormittages." (Wien S. 19).

Zur Bezeichnung der Vormittags- und Nachmittagsstunden werden im Utrechter Protokoll 1874 S. 22 die Abkürzungen a. m. und p. m. gebraucht; vgl. oben S. 18.

- „Als Zeitabschnitte für die Ableitung von Normalwerten sind solche von fünf Jahren (Lustra) derart zu wählen, daß das nächste „Lustrum" mit 1. Januar 1876 beginnt.

Ferner wird den Zentralinstituten empfohlen, frühere Beobachtungen bezüglich der wichtigeren Daten entsprechend umzurechnen." (Wien S. 19).

• „Das Komitee legt Wert auf die Veröffentlichung der Lustrenmittel entsprechend den Beschlüssen zu Wien und München." (Paris (1907) S. 9).

• „In jedem Beobachtungsnetze möge an einer genügenden Zahl von Normalstationen untersucht werden, welche Korrektionen für die wichtigsten meteorologischen Elemente (vornehmlich Temperatur, dann Luftdruck, Feuchtigkeit) an die Mittel der angenommenen Terminbeobachtungen angebracht werden müssen, um sie auf wahre 24stündige Mittel zurückzuführen. Es sind die Monatsmittel der Beobachtungen zu den einzelnen Terminen zu veröffentlichen, und es erscheint ferner der direkten Verwendbarkeit wegen wünschenswert, die Monatsmittel der Temperatur auch auf wahre Mittel reduziert mitzuteilen." (Wien S. 24, 54).

Ganz ähnlich lautet der folgende Beschluß des Römischen Kongresses:

• „Der Kongreß schlägt vor, daß jedes Land eingeladen werde, eine bestimmte, den örtlichen Verhältnissen entsprechende Anzahl von Stationen erster Ordnung zu errichten, an denen ununterbrochene Beobachtungen vermittelst guter selbstregistrierender Apparate oder sonst stündliche Beobachtungen mehrere Tage eines jeden Monats hindurch, oder auch schließlich ununterbrochene oftmalige (täglich etwa 8 malige) äquidistante Beobachtungen vorgenommen würden, um die Daten für die Reduktion der an den gewöhnlichen Stationen aus täglich zwei- bis dreimal angestellten Beobachtungen gefundenen rohen Mittel auf wahre Mittel zu erhalten." (Rom S. 14, 15).

• „Die Anwendung der Stundenzählung von 0—23, ausgehend von Mitternacht, wäre nur für die Publikation von Beobachtungstabellen zu empfehlen." (München S. 23).

Im inneren Beobachtungsdienst soll die alte Tageseinteilung von 0—11 Uhr Vormittag und Nachmittag beibehalten werden, um Fehler zu vermeiden.

[Da nunmehr in einigen Staaten, wie Belgien, Frankreich und Italien, die Stundenzählung von 0—23 offiziell eingeführt worden ist, hat diese Einschränkung keine Berechtigung mehr.]

• „Die Art und Weise, wie die Tagesmittel in den verschiedenen meteorologischen Systemen berechnet worden sind, soll in den Jahrbüchern stets beschrieben werden mit Angabe der Methoden und der benützten Koeffizienten." (München S. 25).

• „Wenn die Berechnung des täglichen Mittels eines Phänomens nicht nach der exakten Formel

$$\left(\frac{0+24}{2} + 1 + 2 + \ldots 23\right) : 24$$

geschieht, so ist es ratsam, die Beobachtungen von Mitternacht des vorhergehenden Tages zu zählen, wie man es an den meisten Stationen tut, und die Formel

$$(1 + 2 + \ldots 24) : 24$$

zu verwenden." (St. Petersburg S. 7).

● „Die Konferenz empfiehlt, die Mittelbildung beizubehalten, daneben aber in speziellen Untersuchungen das System der Häufigkeitszahlen bezüglich aller meteorologischen Elemente möglichst auszubilden." (München S. 26).

[Leipzig S. 12, 13, 15—20, I, XXXVI; Wien S. 18, 19, 24, 54, 82, 88, 89; Utrecht (1874) S. 15, 16; London S. 6, 7; Rom S. 14, 15, (Rapports) S. 1—8; Bern S. 44—46; München S. 22, 23, 25, 26; Paris (1896) S. 10, 11; St. Petersburg S. 7.]

Maßeinheiten.

● „1. Es ist sowohl für die Beobachtungen, als auch für die Publikationen der Gebrauch derselben Maßeinheiten wünschenswert.

2. Der Kongreß spricht seine Überzeugung aus, daß unter allen bestehenden Maßsystemen das metrische am meisten Aussicht auf allgemeine Annahme hat.

3. Der Kongreß bezeichnet es als höchst wünschenswert, wenn es nicht möglich wäre, jetzt schon einheitliche Maße einzuführen, fortan nur Meter- und englisches Maß (nebst Celsius- und Fahrenheit-Skala) zu benutzen.

4. Alle Maßregeln sind zu unterstützen, die geeignet sind, die Einführung des einheitlichen metrischen Maßsystems zu fördern." (Wien S. 16).

● „Bezüglich aller auf die Abänderung der meteorologischen Maßeinheiten gemachten Vorschläge kommt das Komitee schließlich zu dem Ergebnis, daß es noch nicht an der Zeit ist, eine endgültige Meinung darüber abzugeben." (Berlin S. 16).

[Leipzig S. 4, II, XII, XXVII, XXX; Wien S. 16, 49, 81; Berlin S. 16, 47—51.]

Inspektion der Stationen.

● „Es ist wünschenswert, die Inspektion aller Stationen eines Netzes in möglichst kurzen Terminen vorzunehmen." (Leipzig S. 15).

● „Der Kongreß hält die sorgfältige Verifikation aller an meteorologische Stationen zu verteilenden Instrumente, sowie die Inspektion der meteorologischen Stationen 1. und 2. Ordnung für durchaus geboten, und sollte die letztere womöglich alljährlich, mindestens aber einmal in dem Zeitraum von 5 Jahren erfolgen." (Wien S. 31, 68 u. London S. 8).

● „Die Konferenz erinnert an den Beschluß der Wiener Konferenz bezüglich der Inspektion der Stationen innerhalb der einzelnen Netze." (Innsbruck S. 31).

- ● „In Erwägung,

1. daß es von höchster Wichtigkeit ist, die von den einzelnen Ländern in sehr entlegenen und schwer zugänglichen Gegenden des Erdballes errichteten meteorologischen Stationen von Zeit zu Zeit besichtigen zu lassen, um sich Gewißheit über die Genauigkeit der Instrumente zu verschaffen und darüber, welches Vertrauen man den dortigen Beobachtungen schenken darf;

2. daß eine solche Besichtigung sich am zweckmäßigsten durch die Offiziere der Kriegsmarine der respektiven Seemächte bewerkstelligen läßt, empfiehlt der Kongreß, die Regierungen der auf dem Kongreß vertretenen Mächte zu ersuchen, sie möchten die dazu notwendigen Schritte tun, damit einesteils die Kommandanten der nach diesen Gegenden kommenden Schiffe instruiert werden, sich mit den Beobachtern auf diesen Stationen, welcher Nationalität dieselben auch sein mögen, in Verbindung zu setzen, die Instrumente zu vergleichen und sich in Kenntnis zu setzen, wie die Beobachtungen ausgeführt werden; damit andererseits aber auch der Beobachter, dem die Station unterstellt ist, veranlaßt werde, sich dem die letztere besuchenden Offiziere, welcher Seemacht derselbe auch angehören möge, zur Verfügung zu stellen." (Rom S. 19).

[Leipzig S. 15; Wien S. 31, 68, 81, 111—114; London S. 8; Rom S. 19; Innsbruck S. 31.]

Instruktionen.

● „Da das Komitee es nicht für möglich hält, allgemeine Instruktionen derartig abzufassen, daß sie sich bis in die Einzelheiten hinein allen Klimaten und den besonderen Eigentümlichkeiten eines jeden Landes anpassen, so schlägt dasselbe vor, der Kongreß möge sich darauf beschränken, wenn Muster gewünscht werden sollten, diejenigen von den bestehenden Instruktionen dazu zu nehmen, die am meisten mit den Kongreßbeschlüssen übereinstimmen." (Rom S. 6, 7).

Die Verhandlungen in Wien, Utrecht, London und Rom hatten die Unmöglichkeit der Herausgabe einer allgemeinen internationalen Instruktion für meteorologische Beobachter ergeben.

[Wien S. 31, 68; Utrecht (1874) S. 6, 12; London S. 3, 12; Rom S. 6, 7.]

Wettertelegraphie. Synoptische Karten.

● „Man einigt sich, nachdem festgesetzt war, daß mit Rücksicht auf die verschiedenen Maßeinheiten, die den englischen und den kontinentalen Witterungsdepeschen zugrunde liegen, auch eine etwas verschiedene Form der Chiffer-Systeme für England einerseits, für den Kontinent andererseits zuzulassen sei, für folgendes System:

Gruppe:	England:	Kontinent:
I	B* B* B* W* W*	B* B* B* W W* (übereinstimmend)
II	S* S* H* T* T*	S* H* T* T T* (verschieden)
III	B B B W W	B B B W W (übereinstimmend)
IV	S S H T T	S H T T T (verschieden)
V	T' T' R R R	T' T' T' R R (verschieden)
VI	M M m m See	M M m m See (übereinstimmend).

Die Daten mit (*) beziehen sich auf den vorigen Abend.

B = Luftdruck auf Meeresniveau und 0^0 C bis auf 0,1 mm oder 0,01 Zoll.

Die Hunderte der Millimeter, die Zehner der Zolle werden weggelassen.

$$\text{Statt } 763,5 \text{ mm wird telegraphiert } 635$$
$$„\quad 29,34 \text{ in} \quad „ \quad „ \quad 934$$
$$„\quad 30,03 \text{ in} \quad „ \quad „ \quad 003.$$

T = Temperatur des trockenen Thermometers bis auf $\left\{ \begin{array}{l} 0^0,1 \text{ C} \\ 1^0 \text{ F} \end{array} \right.$

$25^0,3$ wird telegraphiert 253. Unter 0^0 wird 50^0 zugesetzt, d. h. bei Temperaturen unter 0^0 wird kein Zeichen („minus“ oder „negativ“) telegraphiert, sondern die betreffende Zahl ist um 50 zu vergrößern, so daß beispielsweise für — 5,3 zu telegraphieren wäre 55,3.

T' = Temperatur des feuchten Thermometers.

M = Max.-Temperatur $\left. \begin{array}{l} \\ \end{array} \right\}$ auf 1^0 C oder 1^0 F.
m = Min.-   „

W = Windrichtung, wahre, nicht magnetische, nach 16 (von den 32) Strichen, zu deren Bezeichnung aber nur gerade Zahlen anzuwenden sind; z. B. N = 32, W = 24, S = 16, E = 8.

S = Stärke des Windes (Beaufortsche Skala)[1]; für den Kontinent wird, wenn die Stärke über 9 geht, diese Ziffer in die betreffende Gruppe eingesetzt und am Ende des Telegrammes die Stärke noch mit Worten angegeben.

R = Regenhöhe bis auf 1 mm oder 0,01 Zoll. In den Witterungstelegrammen Norwegens im Winter bedeutet 99 „Niederschlag während der Nacht“ ohne Messung desselben.

---

[1] Die Angaben über die Reduktion der Beaufortskala auf absolutes Maß in der Anmerkung zu Utrecht (1874) S. 17 sind inzwischen veraltet; wegen neuerer Bestimmungen vgl. W. Köppen, Neuere Bestimmungen über das Verhältniß zwischen der Windgeschwindigkeit und Beaufort's Stärkeskala, Hamburg 1899, 4°. (Aus dem Archiv d. Deutschen Seewarte, XXI No. 5) und The Beaufort Scale of Wind-Force. Report of the Director of the Meteorological Office… London 1906, 4° (Official No. 180).

See = Seegang in Zahlen von 0—9 [1]).

H = Hydrometeore oder Witterung, und zwar bedeutet

<table>
<tr><td rowspan="5">Bewölkung</td><td>0 = ganz heiter</td><td>5 = Regen</td></tr>
<tr><td>1 = $^1/_4$ bedeckt</td><td>6 = Schnee</td></tr>
<tr><td>2 = $^1/_2$ „</td><td>7 = Dunst (Höhenrauch)</td></tr>
<tr><td>3 = $^3/_4$ „</td><td>8 = Nebel</td></tr>
<tr><td>4 = ganz „</td><td>9 = Gewitter.</td></tr>
</table>

Das Vorkommen von Hagel, Wetterleuchten und Nordlicht usw. wird am Schluß der Depesche in Worten beigefügt.

Statt des Maximums kann die Temperatur um 2 Uhr nachmittags gegeben werden.

Ist ein Minimum-Thermometer bei einer Station nicht vorhanden, so fällt, wenn zudem der Seegang nicht beobachtet wird, die 6. Gruppe weg.

Die Daten für Luftdruck, Temperatur, Windrichtung und Windstärke gelten in England für 6 Uhr abends und 8 Uhr morgens, auf dem Kontinent meistens für 9 Uhr abends und 7 Uhr morgens." (Utrecht (1874) S. 16—18).

● „Das Komitee spricht die Hoffnung aus, daß in allen Fällen, in welchen die größte Differenz der Temperaturkorrektionen (bei der Reduktion der Barometerstände auf das Meeresniveau) $^1/_{10}$ Millimeter übersteigt, Tafeln angewandt werden möchten (statt konstanter Reduktionskorrektionen).

Die Bewölkungsskala 0 bis 10 ist in folgender Weise in telegraphische Bezeichnung umzusetzen:

bei der Beobachtung	telegraphische Bezeichnung
0 bis 1	0
2 „ 3	1
4 „ 6	2
7 „ 8	3
9 „ 10	4 (London S. 4).

● „Es wird beschlossen: für das metrische System die Zahl des Gradienten gleich zu setzen der Anzahl der Millimeter der barometrischen Differenz auf 1 Grad größten Kreises = 60 nautische Meilen = 111 Kilo-

---

[1]) Die Skala des Seeganges ist:

tote Windstille oder vollkommen ruhiges Meer	0
sehr ruhiges oder sehr glattes Meer	1
ruhiges oder glattes Meer	2
leichte Wellen oder leicht bewegtes Meer	3
mäßige Wellen oder mäßig bewegtes Meer	4
ziemlich rauhes oder etwas unruhiges Meer	5
rauhes oder unruhiges Meer	6
hohe See	7
sehr hohe See	8
furchtbare Wellen oder höchst bewegte See	9

meter Entfernung; für das britische System gleich der Anzahl der Hundertstel-Zoll der barometrischen Differenz auf 15 nautische Meilen Entfernung. Es wird festgesetzt, daß die Station mit dem höheren Barometerstand voranstehen soll, und daß der Gradient so nahe wie möglich in
der Richtung der Normalen zu den Isobaren anzugeben ist, wobei der
Nenner immer die obige Einheit der Entfernung sein muß. Wegzulassen
ist immer die Einheit der Entfernung, und die Berechnung von Gradienten
mit konstantem Zähler (z. B. 1 mm zu x Kilometer) ist nicht mehr fortzuführen. Es ist wichtig, bei Wetterdepeschen die genügende Anzahl
Gradienten zu geben, um die Art der Depression zu zeigen." (London
S. 4, 5).

• „Das Komitee erkennt die Wichtigkeit der Anträge des Herrn
Capello (die Richtung und Geschwindigkeit der Cirrus-Wolken, sowie die
Zeit des barometrischen Minimums den Wettertelegrammen beizufügen)
an und empfiehlt den Direktoren, Studien zur zweckmäßigen Einfügung
dieses Zusatzes in die Depeschen zu machen." (Zürich S. 3).

• „Der Kongreß empfiehlt, den Meridian von Greenwich zum Ausgangspunkte der Rechnung für synoptische meteorologische Karten zu
nehmen. In dem Falle, wo bei der Herstellung von meteorologischen
Karten ein anderer Meridian zum ersten gemacht wird, empfiehlt der
Kongreß, den Längenunterschied zwischen dem betreffenden Meridian
und dem von Greenwich auf der Karte anzugeben." (Rom S. 8).

Bezüglich des von Herrn Shaw in Paris 1907 gemachten Vorschlages, eine
einheitliche Projektion und einen einheitlichen Maßstab bei den täglichen Wetterkarten und sonstigen meteorologischen Karten zu gebrauchen, wird folgender Beschluß gefaßt:

• „Das Komitee billigt im Prinzip die Vorschläge des Herrn Shaw.
Indessen wird es offenbar schwierig sein, die Formate der augenblicklich
in den verschiedenen Ländern gebräuchlichen Karten zu ändern. Für
den Fall aber, daß eine Änderung möglich sein sollte, schlägt das
Komitee vor, sie dem Antrage des Herrn Shaw entsprechend vorzunehmen." (Paris (1907) S. 8). [Berlin S. 13.]

• „Um das Studium und die Verfolgung der neuesten Witterungserscheinungen zu erleichtern, wäre es sehr wünschenswert, wenn von den
Zentralanstalten aller größeren Länder, oder auch nach dem von Schweden,
Norwegen und Dänemark in dem „Nordischen Bulletin" gegebenen Beispiele von den Zentral-Instituten mehrerer Staaten zusammen, gestützt
auf die telegraphischen Witterungsberichte in ihren Ländern, tägliche
meteorologische Bulletins, wenn auch nur autographische und ohne
synoptische Karten, herausgegeben würden." (Utrecht (1874) S. 16 und
London S. 7).

• „Das Komitee hat Kapitän Hoffmeyers Mitteilungen mit großem
Interesse entgegengenommen und empfiehlt den Zentral-Instituten, die

von ihm vorgeschlagenen Normalwerte für die internationalen und Telegraphen-Stationen zu berechnen." (Bern S. 4).

● „Ohne die Einzelheiten der Ausführung der Frage (eines internationalen telegraphischen Beobachtungsnetzes auf dem Nordatlantischen Ozean) zu untersuchen, stimmt das Komitee dem Kapitän Hoffmeyer darin vollständig bei, daß die Errichtung einer telegraphischen Verbindung mit den Faeröer Inseln und Island, mit Grönland und mit den Azoren von der größten Wichtigkeit sein würde zur Hebung der Wissenschaft von Witterungs-Aussichten in Europa, und spricht die Hoffnung aus, daß der Plan verwirklicht werde." (Bern S. 4).

In ähnlichem Sinne äußert sich das Komitee auf der Kopenhagener (S. 6) und auf der Petersburger Sitzung (S. 11).

[Die Kabel nach den Azoren, den Faeröer und nach Island sind inzwischen gelegt worden.]

Über Beobachtungstermine für Wettertelegramme faßt das Komitee in Paris (1885) folgenden Beschluß:

● „Das Komitee hält sich nicht für ermächtigt, einen Beschluß zu fassen, lenkt jedoch die Aufmerksamkeit der Vorsteher der Beobachtungsnetze auf den Nutzen eines einheitlicheren Systemes, indem man sich z. B. den anscheinend am allgemeinsten eingeführten Stunden 7^h a. m., 2^h und 9^h p. m. näherte." (Paris (1885) S. 13).

● „Das Komitee ist der Ansicht, daß die Einrichtung eines telemeteorographischen Netzes von großer Wichtigkeit sein würde. Von den bisher benutzten Apparaten sind jedoch jene, welche nur eine Leitung verwenden, nicht genügend erprobt. Es ist in außerordentlich hohem Grade wünschenswert, daß diese Aufgabe zum Gegenstand neuer Untersuchungen gemacht werde." (Upsala S. 6).

● „Das Komitee erachtet, daß eine solche Weiterführung Kapitän Hoffmeyers synoptischer Karten, wie sie nach dem Vorschlage der Herren Hoffmeyer und Neumayer zu erwarten steht, von größter Bedeutung für den Fortschritt der dynamischen Meteorologie ist und daß die Veröffentlichung täglicher Karten für ein ausgedehntes Gebiet unentbehrlich ist für Forschungen in der allgemeinen Meteorologie und für die Ausbildung des Witterungsdienstes, nicht allein für die Küsten, sondern auch für inländische Stationen. Es ist demgemäß der Ansicht, daß das Vorhaben wirksam von allen Seiten unterstützt werden sollte." (Kopenhagen S. 6).

Diese synoptischen Karten erscheinen seit 1884 in Vierteljahrsheften unter dem Titel: „Tägliche Synoptische Wetterkarten für den Nordatlantischen Ozean und die anliegenden Teile der Kontinente. Herausgegeben von dem Dänischen Meteorologischen Institut und der Deutschen Seewarte" und beginnen mit Dezember 1880.

● „Die Konferenz erklärt, daß es von der größten Wichtigkeit ist, die Übermittlung der täglichen meteorologischen Depeschen möglichst zu beschleunigen und besonders jene der Depeschen von der iberischen Halbinsel und von Madeira. Sie bittet die Direktoren der meteorologischen Institute dieser Länder, ihr Möglichstes zu tun, um dieses im allgemeinen Interesse gelegene Ziel zu erreichen. Gleichzeitig spricht sie den Wunsch aus, es möge das Netz der meteorologischen Telegramme in gleicher Weise gegen Südost, besonders über die Balkanhalbinsel ausgedehnt werden." (München S. 30).

• „Die Konferenz spricht den Wunsch aus, daß die telegraphischen und Schiffsnachrichten aus Nordamerika und vom Atlantischen Ozean und ebenso diejenigen von den Azoren möglichst entwickelt und verbreitet werden." (München S. 32).

Wegen der Azoren vgl. weiter unten.

• „Die Konferenz ist bei ihrem nicht-offiziellen Charakter nicht imstande, auf die Entwicklung dieser Frage (raschere Beförderung von meteorologischen Telegrammen) einzuwirken. Dieser Punkt wird aber stets eine von jenen Aufgaben sein, auf deren Förderung das eventuelle internationale Komitee in gegebenem Falle seine besondere Aufmerksamkeit zu wenden haben wird." (München S. 32).

Über die Beschleunigung in der Übermittlung der telegraphischen Depeschen vergl. auch Paris (1896) S. 22; Southport S. 17, 18; Paris (1907) S. 10; Berlin S. 8.

• „Das Komitee ist der Ansicht, daß es von Nutzen sein würde, wenn sich erlangen ließe, daß die Internationale Telegraphen-Konferenz sich mit der Frage beschäftigt, ob sich die Übersendung der internationalen meteorologischen Telegramme vereinfachen und beschleunigen ließe und ob die Einführung eines zirkularen Dienstes zwischen den meteorologischen Zentralstellen Europas zur Erreichung dieses Zieles dienen könnte." (Upsala S. 5).

In etwas anderer Fassung ist dieser Beschluß wiedergegeben: Paris (1896) S. 2.

• „Es ist wünschenswert, daß eine offizielle internationale Kommission, bestehend aus den Vertretern der Telegraphenverwaltungen und der meteorologischen Institute die besten Methoden erörtere, um die Mitteilung der für die Wetterprognose erforderlichen Nachrichten zu beschleunigen.

Wenn sich die Einsetzung einer solchen Kommission nicht ermöglichen läßt, so werden die Direktoren der einzelnen Institute aufgefordert, in ihren Ländern Schritte zu tun, um die Verspätungen in der Übermittlung der meteorologischen Depeschen soviel als möglich zu verringern." (Southport S. 18).

Auf die Anfrage des Herrn Wragge über die Möglichkeit, das Wetter in Australien auf mehrere Monate vorauszusagen,

• „erklärt die Konferenz, sie könne sich nur auf die Feststellung beschränken, daß es im europäischen sowohl wie im nordamerikanischen

Wetterdienste bisher nicht möglich erscheine, die Witterungsprognose im allgemeinen auf mehr als einen oder zwei Tage auszudehnen." (Paris (1896) S. 13).

• „Für die telegraphischen Berichte zur Vorausbestimmung des Wetters ist es wünschenswert, daß die englischen Beobachtungen um 7 Uhr früh (m. Gr. Z.) angestellt werden." (Southport S. 17).

• „Die Konferenz ergreift die Gelegenheit, zu erklären, daß sie die Dienste hochschätzt, welche der meteorologischen Wissenschaft und der Schiffahrt im äußersten Osten durch die kostenlose Übermittlung der Telegramme geleistet werden, welche in der liebenswürdigsten Weise seit vielen Jahren von den Gesellschaften der Telegraph Co., der Eastern Extension of Australasia Telegraph Co., der Compagnie des Télégraphes Chinois und neuerlich durch die deutsche Telegraphen-Gesellschaft geleistet werden." (Innsbruck S. 26).

Bezüglich der Herbeiführung einheitlicher Angaben für die in den täglichen Wetterberichten veröffentlichten Extremtemperaturen kommt die Innsbrucker Konferenz zu folgendem Resultat:

• „Da dieser Punkt auch die Klimatologie berührt, stellt die Kommission den Antrag, ihn dem Internationalen Meteorologischen Komitee zu überweisen. Sie spricht den Wunsch aus, daß er in der Weise entschieden werde, daß in den Wettertelegrammen das Minimum der Temperatur der 24 Stunden, welche der Ausgabe der Telegramme vorausgehen, eingesetzt werden könne." (Innsbruck S. 37).

• „Das Komitee schlägt vor, daß an den Stationen, welche Wettertelegramme absenden, zum Morgentermin eine zweite Ablesung des Maximum- und des Minimumthermometers vorgenommen werde, damit das Telegramm die höchsten und niedrigsten Temperaturen der ihm vorausgehenden 24 Stunden enthalte." (Paris (1907) S. 8).

• „Gleichzeitig spricht die Konferenz den Wunsch aus, daß in den täglich erscheinenden Wetterberichten der meteorologischen Anstalten kein Zweifel darüber gelassen werde, ob die mitgeteilten Barometerstände auf gleiche Schwere reduziert sind oder nicht, sei es, daß dies täglich in der Überschrift oder mindestens einmal jährlich in einer Erläuterung angegeben werde." (Innsbruck S. 37).

• „Die Konferenz ist überzeugt, daß die drahtlose Telegraphie vom atlantischen Ozean her in Zukunft der Wetterprognose große Dienste leisten wird. Bevor jedoch dieser Dienst an den Instituten regelmäßig eingeführt wird, ist es unumgänglich notwendig, eine sichere Kontrolle der übersendeten Beobachtungen zu gewinnen. Die Konferenz ersucht das Londoner meteorologische Institut, wenn irgend tunlich, möglichst bald einen Bericht über diese Frage an die anderen Institute, die ein spezielles Interesse an der Sache haben, zu erstatten." (Innsbruck S. 37).

3*

Auf eine von Herrn Aug. Schmidt (Stuttgart) ausgehende Anregung zur Aufnahme der barometrischen Tendenz, d. h. der Änderung des Barometers in den nächstvorhergehenden Stunden, hatte die Kommission für Wettertelegraphie auf ihrer Tagung in London 1909 deren Aufnahme empfohlen, woraufhin das Internationale Meteorologische Komitee folgende Beschlüsse faßte:

● „In die internationalen Wettertelegramme am Morgen soll die barometrische Tendenz nach den Aufzeichnungen der Barographen aufgenommen werden."

„Die Angabe der barometrischen Tendenz soll an die Stelle derjenigen des feuchten Thermometers (T' T' T' auf dem Kontinent, T' T' in England) treten. Kann die Angabe wegen Mangels eines Barographen nicht erfolgen, soll 999 (99) gesetzt werden."

„Die barometrische Tendenz soll sich auf die drei vorhergehenden Stunden beziehen."

„In Rücksicht auf die Meinungsverschiedenheiten in den Antworten der meteorologischen Institute auf das Zirkular vom Februar 1910 betreffend die Verwendung der freiwerdenden Ziffern, sollen bis auf weiteres die freiwerdenden 3 Ziffern im kontinentalen Telegramm dazu dienen, um die barometrische Tendenz in Zehntel Millimeter auszudrücken und die freiwerdenden 2 Ziffern im britischen Telegramm, um diese Angabe in Hundertstel inch zu machen. Positive und negative Änderungen sollen dabei in derselben Weise wie bei der Temperatur unterschieden werden."

„Die Kommission für Wettertelegraphie soll fortbestehen und ersucht werden, später darüber zu beraten, wie im kontinentalen Telegramm die barometrische Tendenz mit nur zwei Ziffern ausgedrückt und die freiwerdende dritte Ziffer anderweitig verwendet werden kann."

„Die vorstehende Änderung der Morgentelegramme soll am 1. Mai 1911 eingeführt werden." (Berlin S. 10, 11, 18, 19).

Die Chiffrierung der barometrischen Tendenz im kontinentalen Telegramm würde also zunächst nach folgender Regel erfolgen:

    000 keine Änderung,
    001 bis 500 positive Änderung von 1 bis 500 Zehntelmillimeter,
    501 bis 998 negative Änderung von 1 bis 498 Zehntelmillimeter,
    999 nicht angebbar (wegen Mangels eines Barographen oder aus anderen Gründen).

Ähnlich würde im britischen Telegramm 21 ein Steigen des Barometers um 0.21 inch und 71 ein Fallen um 0.21 inch bedeuten. (Berlin S. 19).

● „Wenn die Westmann-Inseln (südlich von Island) an das Telegraphennetz dieses Landes angeschlossen sein werden, sollen die Berichte über Seegang von dieser Station gegeben und dafür die von Blonduos ganz weggelassen werden." (Berlin S. 11).

• „Es soll im internationalen Telegrammschema unterschieden werden zwischen Tagen

ohne Niederschlag,

mit beobachtetem, aber nicht gemessenem Niederschlag,

mit einem gemessenen Niederschlag von weniger als 0.5 mm (Kontinent) oder .005 inch (Britische Inseln)." (Berlin S. 19).

• „Das Komitee spricht der Portugiesischen Regierung und Herrn Chaves den Dank aus für ihre Bemühungen, die Wettertelegramme von den Azoren zu erweitern, und äußert zugleich den Wunsch, daß künftighin die Wettertelegramme von den drei Stationen Flores, Horta und Ponta Delgada über Horta expediert werden möchten." (Berlin S. 19).

[Vergl. auch die Abschnitte: „Reduktion des Barometers auf das Meeresniveau", „Internationale Untersuchungen", „Maritime Meteorologie".]

[Leipzig S. 21, 22, 31, XIII, XXXVIII; Wien S. 32, 71—77; Utrecht (1874) S. 12, 16—18; London S. 4, 5, 7, 9, 73; Rom S. 8, 17, 18, 70—73, (Rapports) S. 71—76, 159—164, 195—197, 205—211, 237—243, 250—251; Bern S. 4, 36, 48; Kopenhagen S. 2, 5, 6, 8, 14, 15, 19; Paris (1885) S. 4, 5—7, 9, 13, 25—31, 43, 44; Zürich S. 3, 7—9; München S. 30—33, 76—78; Upsala S. 5, 6, 16—18; Paris (1896) S. 5, 13, 22, 23, 53—55; St. Petersburg S. 11, 84—87, 91; Southport S. 17, 18, 75—77; Innsbruck S. 26, 37, 80, 104—106; Paris (1907) S. 6, 8, 9, 10, 42—43, 45—46, 47—48; Berlin S. 8, 10, 11, 19, 55—57.]

Internationale Publikationsform.

• „Der Kongreß empfiehlt, daß die Publikation der umfangreicheren Beobachtungen von Zentral-Anstalten und Stationen erster Ordnung ganz getrennt werde von der Publikation der gleichförmigen Beobachtungen der Stationen zweiter Ordnung in einem Lande.

Jeder Direktor wählt in seinem Beobachtungsnetze eine Anzahl von Stationen aus und hält für diese bei der Publikation (innerhalb der Grenzen, wie sie durch die Beobachtungsstunden bedingt sind) eine gemeinsame vom Kongresse zu empfehlende Form ein." (Wien S. 29).

• „Nach vielfachen Erörterungen und reiflichen Erwägungen schlägt nun das permanente Komitee einstimmig für die Publikation der täglichen 3- oder 2 maligen Beobachtungen auf den in jedem Lande ausgewählten Stationen 2. Ordnung folgende bestimmte Anordnung des Stoffes vor:

Ortsname: Jahreszahl: Länge von Greenwich:
Höhe über Meer: Monatsname: Breite:

Tag	Baro-meter			Luft-Temperatur					Abso-lute Feuch-tigkeit			Rela-tive Feuch-tigkeit			Rich-tung u. Stärke des Windes			Bewöl-kung			Niederschlag	Bemerkungen
	St.	St.	St.	St.	St.	St.	Min.	Max.	St.	St.	St.	St.	St.	St.	St.	St.	St.	St.	St.	St.		
1																						
2																						
3																						
.																						
.																						
.																						
Mittel																						

(Siehe **Utrecht** (1874) S. 64 und die Tabelle am Schluß des vorliegenden Bandes).

Wenn die Landessprache eine andere als die deutsche, englische oder französische ist, so sind die Überschriften der Kolumnen noch in einer dieser Sprachen beizufügen.

In diesen Monatstabellen sind die Maxima und Minima des Luftdruckes und der Temperatur durch fettere Schrift hervorzuheben.

Bei der „relativen Feuchtigkeit" kann die vollständige Sättigung entweder durch 3 Ziffern (100) oder mit Weglassung der (1) auch nur durch (00) dargestellt werden.

In der Rubrik „Bemerkungen" ist es wünschenswert, zur Bezeichnung der Zeitdauer oder des Zeitpunktes der Hydrometeore etc. ebenfalls allgemein verständlicher Zeichen sich zu bedienen und demgemäß dem betreffenden Zeichen für das Hydrometeor entweder die Stunde des Anfangs und Endes beizufügen, wobei Vormittagsstunden mit einem „a" (ante meridiem) und Nachmittagsstunden mit einem „p" (post meridiem) zu bezeichnen sind (● 10a–4p würde also heißen: „Regen von 10 Uhr Vorm.—4 Uhr Nachm. bürgerl. Zeit") oder, wo dies nicht angeht, durch die beigesetzten Ziffern 1, 2 oder 3 anzugeben, ob das betreffende Hydrometeor um oder vor dem 1. resp. 2., resp. 3. Beobachtungstermine stattgefunden hat. (≡ 3 würde so z. B. bedeuten „Nebel um oder vor dem 3. Beobachtungstermine", also um 9^h resp. 10^h Abends; ≡ 1.3 würde heißen „Nebel zur Zeit — oder vor der Zeit — des ersten und letzten Beobachtungstermines", also Morgens und Abends).

Wegen der Notierung der Hydrometeore usw. genau im Momente der Terminbeobachtungen vergl. oben S. 18.

Was die weitere Anordnung resp. Zusammenstellung der einzelnen Monatstabellen dieser Form in den Jahrbüchern der Zentralanstalten betrifft, so glaubt die Mehrheit des Komitees es vor. der Hand noch den Herausgebern dieser Jahrbücher überlassen zu sollen, ob sie, wie es bisher vielfach der Fall war, die Tabellen verschiedener Orte für denselben Monat in unmittelbarer Folge drucken wollen, in welchem Falle auch Monatshefte herausgegeben werden können, oder ob sie, wie dies in Zukunft in Norwegen, Schweden und Dänemark, in Österreich, in Rußland und in Sachsen geschehen wird, nur ganze Jahresbände publizieren wollen, in welchen die 12 Monatstabellen eines Ortes, je paarweise untereinander gestellt (also 4 Monate auf 2 gegenüberstehenden Seiten), unmittelbar aufeinander folgen (siehe Anhang F, zweite und dritte Seite).

Dem Wunsche mehrerer Direktoren von Zentralanstalten zufolge hält es das Komitee für nützlich, eine untere Grenze für die in jedem Lande zur Verfolgung der allgemeinen Witterungserscheinungen mindestens nötige Zahl von Stationen 2. Ordnung anzugeben, deren Beobachtungen in der obigen Weise *in extenso* zu publizieren wären.

Land	Zahl	Land	Zahl
Norwegen	10	Deutschland . . .	12
Schweden	10	Frankreich	12
Dänemark (mit Island		Österreich mit Un-	
und Faeröer) . .	6	garn	15
Großbritannien und		Türkei	10
Irland	15	Schweiz	5
Rußland (Europa) .	50 .	Italien	12
„ (Asien) . .	100	Spanien u. Portugal	
Niederlande . . .	2	(Azoren)	12
Belgien	2	Griechenland . . .	3

Den Direktoren der einzelnen Beobachtungsbezirke bleibt nicht bloß die zweckentsprechende Auswahl der Stationen, sondern auch eine beliebige Vermehrung über die oben angegebene Minimum-Zahl überlassen.

Für die Publikation der Monats- und Jahres-Übersichten aller Stationen 2. Ordnung schlägt das Komitee die in dem Anhange F ersichtliche, von Herrn Direktor Jelinek vorgeschlagene Form[1]) vor:

----

[1]) Mit Berücksichtigung der Änderungen Berlin S. 15, 16.

Jahr

Station: $\lambda =$ $\varphi =$ $H =$ $H_b =$

Monat	Luftdruck Mittel	Luft-Temperatur										Absolute Feuchtigkeit				Relative Feuchtigkeit			
		Stunde	Stunde	Stunde	Mittel	Mittleres Min.	Mittleres Max.	Absolutes Min.	Dat.	Max.	Dat.	Stunde	Stunde	Stunde	Mittel	Stunde	Stunde	Stunde	Mittel
Januar . .																			
Februar .																			
März . . .																			
April . . .																			
Mai																			
Juni																			
Juli																			
August . .																			
September																			
Oktober . .																			
November																			
Dezember																			
Jahr																			

Jahr

$h_t =$ $h_r =$ Station:

Monat	Bewölkung				Niederschlag			Zahl der Tage mit						Tage mit Stürmen	Windverteilung								
	Stunde	Stunde	Stunde	Mittel	Summe	Max.	Dat.	Niederschlag	Schnee	Hagel	Gewitter	Heiter	Trübe		N	NE	E	SE	S	SW	W	NW	Calmen
Januar . .																							
Februar .																							
März . . .																							
April . . .																							
Mai																							
Juni																							
Juli																							
August . .																							
September																							
Oktober . .																							
November																							
Dezember																							
Jahr																							

wo λ die Länge von Greenwich, φ die Breite und H die Höhe der Station (Regenmesser), H_b die Höhe des Barometers über dem Meere, h_t die Höhe der Thermometer und h_r die Höhe des Regenmessers über dem Boden bezeichnen[1]).

---

[1]) Unter Berücksichtigung der späteren Beschlüsse bedeutet:

H die Höhe der Station (Regenmesser) } über dem Meere
H_b »   »   des Barometers

Wegen Raummangel sind in diesen Tabellen die 16 Windrichtungen auf 8 reduziert. Diese Reduktion ist in derselben Art zu machen, wie die von 32 Richtungen auf 16, laut Kongreß-Beschluß vom 11. September 1873.

Vergl. S. 9.

Die Definition der heiteren und trüben Tage ist:

„Heiter", wenn die mittlere Bewölkung < 2

„Trübe", „ „ „ „ > 8.

Die Zahl der **Tage** mit Nordlicht, mit dem Maximum der Temperatur $\leq 0^0$ (Tage ohne Auftauen) und mit dem Minimum der Temperatur $\leq 0^0$ (Frosttage), ferner die Angabe der mittleren Windstärke etc. kann, wenn der Raum es gestattet, entweder mit in diese Tabellen aufgenommen oder mit anderen Bemerkungen im Anhang zum Jahrbuch besonders gegeben werden.

Diese Tabellen sind von den vorigen getrennt in einem besonderen Teil des Jahrbuches zu veröffentlichen.

[Tage mit dem **Maximum der Temperatur** $\leq 0^0$ werden jetzt gewöhnlich **Eistage** genannt. Außerdem bezeichnet man häufig diejenigen Tage, an denen das Maximum der Temperatur $\geq 25^0$ ist, als **Sommertage**.]

Für die Mittel der täglichen Feuchtigkeit sowie des Luftdruckes erscheint es wünschenswert, die Berechnung so zu gestalten, daß dieselben sich möglichst nahe wahren Tagesmitteln anschließen.

In Betreff der Form der Publikationen der übrigen meteorologischen Beobachtungen jedes Landes glaubt das Komitee den Direktoren die vollste Freiheit reservieren zu sollen und beschränkt sich daher nur auf das Aussprechen einiger Wünsche in Betreff ihrer Vollständigkeit. Um das Studium und die Verfolgung der neuesten Witterungs-Erscheinungen zu erleichtern, wäre es sehr wünschenswert, wenn von den Zentral-Anstalten aller größeren Länder oder auch nach dem von Schweden, Norwegen und Dänemark in dem „Nordischen Bulletin" gegebenen Beispiele von den Zentral-Instituten mehrerer Staaten zusammen, gestützt auf die telegraphischen Witterungsberichte in ihren Ländern, tägliche meteorologische Bulletins, wenn auch nur autographische und ohne synoptische Karten, herausgegeben würden.

Der letztere Beschluß wird in London (S. 7) wiederholt.

Die **Observatorien erster Ordnung** sollten ihre Beobachtungen durch Vervielfältigung ebenfalls allgemeiner benutzbar machen, und insbesondere erscheint es für die Reduktion der Terminbeobachtungen und für die Verfolgung einzelner besonderer Witterungs-Erscheinungen wün-

---

h_a die Höhe des Anemometers

h_r » » » Regenmessers (Auffangfläche) $\Big\}$ über dem Erdboden

h_s » » » Sonnenschein-Autographen   (Berlin S. 16).

h_t » » » Thermometers

schenswert, daß alle mit selbstregistrierenden Apparaten versehenen Observatorien die stündlichen Werte der wichtigsten meteorologischen Elemente (nach Ortszeit) während einer bestimmten Zahl von Jahren reduzieren und (in extenso) vervielfältigen; dabei ist zu empfehlen, bei der Feuchtigkeit nicht nur die Temperatur des feuchten Thermometers, sondern womöglich auch die berechneten Werte der absoluten und relativen Feuchtigkeit zu geben." (Utrecht (1874) S. 14—16, mit Berücksichtigung der Änderungen Berlin S. 15, 16).

• Das Komitee erklärt, „daß es vollkommen frei steht, die Publikationen monatlich oder jährlich vorzunehmen, daß aber der Monat die kürzeste zulässige Periode sei." (London S. 7).

• „Was die Art der Zeitangabe des Regenfalls betrifft, soll, wenn der Regen während der Nacht gefallen ist, der Buchstabe n an Stelle der resp. Buchstaben a. m. oder p. m. gebraucht werden." (London S. 7).

• „Die Angabe der absoluten Feuchtigkeit wird als meteorologisch wichtiger erklärt und daher deren Beibehaltung beschlossen", anstatt den Taupunkt für die absolute Feuchtigkeit einzuführen, wie die Meteorological Society vorgeschlagen hatte. (London S. 7).

• „Die Kommission drückt den Wunsch aus, daß die Zentralinstitute regelmäßig und binnen kurzer Frist Monatsmittel der an den wettertelegraphischen Stationen angestellten Beobachtungen veröffentlichen möchten." (Paris (1896) S. 23).

• „Der Kongreß nimmt für die Beobachtungen gewisser, als internationaler ausgewählter Stationen zweiter Ordnung die Veröffentlichungsmethode an, welche vom permanenten Komitee des Wiener Kongresses im Jahre 1874 vorgeschlagen wurde und in seinem Berichte von 1874 enthalten ist." (Rom S. 15).

• „Die monatlichen und jährlichen Resumés, welche von den Zentralinstituten für die einzelnen Stationen zusammengestellt werden, enthalten in Übereinstimmung mit den Beschlüssen des Wiener Kongresses einen zusammengefaßten Überblick über die Häufigkeit der Winde aus den acht Haupt-Richtungen während der einzelnen Monate, wie auch während des ganzen Jahres. Bei der großen Beachtung, welche neben der Windrichtung auch die Windstärke verdient, schlägt der Kongreß vor, in diesen Resumés auch die mittlere Stärke jedes Windes bekannt zu machen, und zwar für eine möglichst große Anzahl von Stationen, für jeden Monat und für das ganze Jahr. Wo in dem einmal eingeführten Schema Platz genug vorhanden ist, wären die Zahlen, welche die Häufigkeit und die mittlere Stärke darstellen, eine neben der anderen hineinzusetzen, andernfalls aber in Form eines Anhangs zu geben." (Rom S. 15).

• „Die Beobachtung der Richtung des Zuges der höheren Wolken, namentlich der Cirrus-Wolken, auf einigen Stationen eines jeden Landes wird dringend empfohlen, wie auch die Veröffentlichung derselben in einem Anhange." (Rom S. 16).

Vergl. S. 11 unten.

• „Der Kongreß empfiehlt, Herrn Wilds Antrage gemäß, auch die Temperatur der Oberfläche des Erdbodens unter die auf Stationen zweiter Ordnung zu beobachtenden meteorologischen Elemente aufzunehmen." (Rom S. 9).

Vergl. oben S. 6.

• Alle Mitglieder des internationalen Komitees kommen überein, den Vertretern der amerikanischen meteorologischen Beobachtungsnetze dringend zu empfehlen, daß das internationale Publikationsschema auch dort eingeführt werde. (Paris (1885) S. 13).

Die Münchener Konferenz schließt sich einstimmig nachfolgenden Ausführungen des Herrn v. Neumayer an:

• „Es ist wohl nicht nötig, auch in dieser Konferenz des Näheren auf die Bedeutung der allgemeinen Annahme des internationalen Schemas bei den Veröffentlichungen einzugehen. Vielmehr habe ich die Überzeugung, daß es genügt, wenn auch diese Konferenz nur nochmals die Bitte ausspricht, daß doch alle diejenigen Beobachtungssysteme, welche noch nicht nach dem Schema veröffentlichen, sobald als möglich dem allgemein anerkannten Bedürfnisse nachkommen möchten. Im übrigen möchte ich durch Eingehen auf besondere Fälle die Aufmerksamkeit und Zeit dieser Konferenz nicht in Anspruch nehmen; der allgemeine Hinweis dürfte zur Erreichung des angestrebten Zweckes genügen." (München S. 26).

• „Das Komitee hat nach eingehender Besprechung (der Frage, welchen Nutzen die Veröffentlichung der stündlichen Beobachtungen der verschiedenen meteorologischen Observatorien *in extenso* gegenwärtig gewähre,) sich dahin schlüssig gemacht, daß es wünschenswert ist, die Veröffentlichung stündlicher Beobachtungen *in extenso* nur für eine beschränkte Zahl von Stationen in jedem Lande zu empfehlen, die in Ansehung der physikalischen Verhältnisse des Landes auszuwählen sind." (Zürich S. 4).

Die von Herrn Hann vorgeschlagenen Regeln für die Veröffentlichung der Beobachtungen entlegener Stationen und von Reisenden werden vom Komitee in Zürich und von der Konferenz in München angenommen (und ebenso von dem Internationalen Geographischen Kongreß in Bern, 1891) und lauten:

• „1. Es ist anzugeben, welche Art von Instrumenten zu den Beobachtungen benutzt werden, und außerdem deren Korrektionen, wenn diese bekannt sind, wie auch Einzelheiten über deren Aufstellungsart.

Die Höhe des Barometers über dem Meeresniveau ist so genau, wie irgend möglich anzugeben.

2. Nie darf unterlassen werden, genaue Angaben über die bei der Berechnung der Mittelwerte angewendeten Methoden, die Beobachtungsstunden und die angewendeten Reduktionsformeln zu machen. Ferner ist es wünschenswert, die Mittel für die verschiedenen Beobachtungsstunden und zwar für Temperatur, Feuchtigkeit und Luftdruck zu geben, um die Reduktion auf wahre Mittel, die später vorgenommen werden kann, zu erleichtern.

3. Bei der Veröffentlichung von Mitteln für mehrere Jahre ist es sehr wünschenswert, die Mittel gesondert für Zeitabschnitte von fünf Jahren (Lustren) in Übereinstimmung mit dem Beschlusse des Wiener Kongresses (indem mit dem ersten Jahre einer jeden-Pentade begonnen wird: 1881—1885, 1886—1890 usw.) zu geben." (Zürich S. 3 und München S. 26).

• „In den Einleitungen zu den Publikationen der meteorologischen Beobachtungen sollen mehr Aufschlüsse über die Beobachtungsinstrumente, insbesondere ihre Korrektionen und Aufstellungen, ferner über die Lage der Stationen 1. und 2. Ordnung usw. gegeben werden, um bei der Benutzung dieser Beobachtungen deren Wert besser beurteilen zu können." (München S. 27).

• „Die Direktoren der meteorologischen Institute werden gebeten, auf der Rückseite des Titelblattes zu den Jahrgängen der täglichen Wetterberichte für die Stationen ihrer eigenen Netze die wichtigsten Positionsdaten zu geben, d. h. die geographische Breite und Länge, die Seehöhe des Barometers, die Höhe des Thermometers und des Regenmessers über dem Boden." (München S. 33, 34).

Die Innsbrucker Konferenz beschließt auf Antrag des Herrn Pernter:
• „Die Regenhöhen mögen auf Zehntelmillimeter, die Temperaturen auf Zehntelgrad abgelesen und eingetragen werden." (Innsbruck S. 21).

Vergl. auch die Abschnitte: „Internationale Symbole"; „Wettertelegraphie".
[Leipzig S. 18—20, XIII, XXXVII; Wien S. 29, 82; Utrecht (1874) S. 7, 14—16, 56, 57, 61—64; London S. 7, 60—73; Utrecht (1878) S. 5; Rom S. 9, 15, 16; Bern S. 46—48; Paris (1885) S. 4, 13; Zürich S. 3, 4, 16; München S. 26, 27, 33, 34; Paris (1896) S. 23; Innsbruck S. 21, 83; Berlin S. 15, 16, 45, 46, 47].

Veröffentlichung von Mitteln, Extremwerten usw.

Bezüglich der schon in Bern (S. 4, 36) behandelten Frage der Veröffentlichung der normalen Mittel und Extreme der meteorologischen Stationen beschließt das Komitee in Kopenhagen:
• „Den Direktoren anzuempfehlen, nach dem Beispiele des Meteorologischen Bureaus in London am Ende jedes Monats den täglichen

Wetterberichten die monatlichen Mittel für die telegraphischen Melde-Stationen beizufügen." (Kopenhagen S. 5).

● „Indem das Komitee den Antrag des Herrn Buys Ballot (die Veröffentlichung der Summen der Temperatur- und Luftdruckabweichungen) annimmt, spricht es die Meinung aus, daß es bei Forschungen über die Veränderlichkeit der Klimate empfehlenswert sei, die Summen der Abweichungen von den Mittelwerten der Temperatur in Betracht zu ziehen." (Zürich S. 4).

● „Die Direktoren der verschiedenen meteorologischen Zentral-anstalten werden gebeten, von Zeit zu · Zeit Tabellen über das Klima ihrer Länder zu veröffentlichen, berechnet womöglich nach den genau-esten vorhandenen Methoden und für soviele Stationen als möglich." (München S. 28).

● „Das Internationale Komitee bittet die Direktoren der verschie-denen Institute, gemäß dem in Wien im Jahre 1873 angenommenen Vorschlage für eine besondere Periode von zehn Jahren (z. B. 1871—80, 1881—90 usw.) die Monatsmittel der hauptsächlichsten meteorologischen Elemente (Druck, Temperatur, Feuchtigkeit, Regen usw.) für eine gewisse Anzahl von Stationen ihrer Netze vorzubereiten. Die Ergebnisse würden zu veröffentlichen und dem Internationalen Komitee zu übermitteln sein.

Das Komitee ist der Ansicht, daß Publikationen dieser Art stets leicht durch Subskriptionen oder auf andere Weise zu fördern sein werden." (Upsala S. 4).

Auf den Antrag des Herrn Lauda wird von der Innsbrucker Direktoren-konferenz beschlossen:

● „1. Den meteorologischen Anstalten ist zu empfehlen, die in ihrem Prognosenbereiche vorgekommenen und in Zukunft vorkommenden starken und ausgebreiteten Niederschläge hinsichtlich ihrer Entstehungs-ursachen einer Untersuchung zu unterziehen und die erlangten Studien-ergebnisse durch ihre publizistische Verwertung der Allgemeinheit zu-gänglich zu machen.

2. Es wird für nützlich erklärt, daß aus dem historischen Quellen-material der verschiedenen Staaten Zusammenstellungen über abnormale Witterungsereignisse, wie Überschwemmungen, Dürren, strenge Winter u. dgl. verfaßt und der Öffentlichkeit übergeben werden."

Der von Herrn Hellmann zu 2) beantragte Zusatz wird gleichfalls ange-nommen:

„Die Konferenz hält derartige Arbeiten für geeignet, als Preisfragen von den Akademien gestellt zu werden." (Innsbruck S. 19, 20).

Herr E. Rosenthal hat der Innsbrucker Konferenz folgende Frage vorgelegt: „Sollte nicht eine gedrängte Publikation der wichtigsten meteorologischen Beobach-tungsresultate für das verflossene Jahrhundert erwünscht sein, wodurch ein dokumentarisches Gerüst der Witterungsgeschichte für den erwähnten Zeitraum geschaffen würde?" Daraufhin wird der Vorschlag der Herren Hellmann und Rykatschew angenommen:

● „Die Konferenz findet den Vorschlag des Herrn E. Rosenthal wichtig und bittet das Physikalische Zentral-Observatorium in Petersburg, denselben zur Ausführung zu bringen. Zugleich bittet sie Herrn Hellmann, bei der Vorbereitung und Publikation dieser Arbeit mitzuwirken." (Innsbruck S. 24).

● „Das Komitee beschließt, die Direktoren aufzufordern, die Veröffentlichungen anzugeben, in denen sich die Mittelwerte der meteorologischen Elemente langjähriger Beobachtungsreihen in ihrem Netze finden. Diese Angaben sollen als Anhang zu den Protokollen veröffentlicht werden." (Paris (1907) S. 9).

Dies geschah in Paris (1907) S. 55—73. Einige weitere diesbezügliche Angaben, die nach der Drucklegung des deutschen Berichtes über diese Pariser Konferenz (1907) einliefen, sind in die englische Ausgabe des Berichtes aufgenommen worden.

● „Das Komitee erklärt es für wünschenswert, daß alle meteorologischen Zentralanstalten Monatsübersichten der Witterung ihres Gebietes in nicht zu knapper Form herausgeben." (Berlin S. 15).

[Bern S. 4, 36; Kopenhagen S. 4, 5; Zürich S. 4, 9—11; München S. 28; Upsala S. 4; Innsbruck S. 19, 20, 24, 57—60, 103; Paris (1907) S. 9, 43—45, 55—73; Berlin S. 45.]

Austausch und Bibliographie der Veröffentlichungen und Beobachtungen.

● „Das permanente Komitee empfiehlt Sendungen, wenn irgend möglich unter Kreuzband oder durch die „Book-post" zu machen.

Den Direktoren wird empfohlen, in ihren Publikationen anzugeben, mit welchen Instituten sie im Tauschverkehr stehen und welche Publikationen sie empfangen haben." (Utrecht (1874) S. 13).

● „Das Komitee erachtet es für besser, tunlichst seine Zuflucht zur Übermittelung durch die Post zu nehmen" (als durch Tauschbureaus, wie z. B. diejenige der Smithsonian Institution). (Bern S. 5).

● „Das Komitee ersucht die Direktoren der Zentral-Institute, regelmäßig in einer ihrer Veröffentlichungen eine vollständige Liste der von ihren Instituten herausgegebenen Werke abdrucken zu lassen." (Bern S. 6).

● Das Komitee schlägt vor, „die Titel der Veröffentlichungen der verschiedenen Anstalten drucken und mit den Büchern ausgeben zu lassen." (Kopenhagen S. 9).

● „Die Direktoren der meteorologischen Netze in den verschiedenen Ländern werden gebeten, in ihren Jahrbüchern Verzeichnisse von allen

in dem betreffenden Lande erscheinenden, auf Meteorologie oder Erdmagnetismus bezughabenden Beobachtungs-Publikationen zu geben."
(Paris (1896) S. 15).

[Leipzig S. 20, XXXVIII; Wien S. 25, 47; Utrecht (1874) S. 13; Bern S. 5, 6;
Kopenhagen S. 9, 23, 24; Paris (1896) S. 15; Berlin S. 7, 15, 42, 43.]

Internationale meteorologische Bibliographie, Tabellen und Wörterbuch.

• „Es erscheint dem permanenten Komitee wünschenswert, daß
eine Notifikation bezüglich des Vorhandenseins noch nicht publizierter
Beobachtungen veröffentlicht werde."   (Utrecht (1874) S. 8).

Bezüglich des Vorschlages des Herrn Hellmann, eine internationale meteorologische Bibliographie herauszugeben, wird in Rom beschlossen:

• „Der Kongreß befindet sich in der angenehmen Lage, erklären
zu können, daß sehr schätzbare, dem Artikel 9 des Programmes, sowie
Herrn Hellmanns Antrage entsprechende Vorarbeiten schon von verschiedenen Seiten ausgeführt worden sind. Da es aber sein Wunsch ist,
daß dieselben in einem Generalkatalog zusammengefaßt werden, so
schlägt der Kongreß vor, diese Arbeiten in zwei Kategorien zu teilen:

1. Katalog der Beobachtungsserien.
2. Katalog der Werke und Abhandlungen über Meteorologie.

In Bezug auf die erste Kategorie werden die Direktoren der einzelnen meteorologischen Beobachtungsnetze ersucht, einen Katalog über
die in ihren Ländern vorhandenen veröffentlichten und nicht veröffentlichten Beobachtungen herauszugeben und dem Bureau des Kongresses
die in dieser Beziehung schon herausgegebenen Werke anzugeben.

In Bezug auf die zweite Kategorie ist der Kongreß der Ansicht,
daß die schon von Herrn Cleveland Abbe vorhandene Arbeit und die
schon gedruckten Kataloge der Bibliothek der Meteorological Society
in London und des Observatoriums in Brüssel sehr wohl als Ausgangspunkt dienen könnten für ausgedehntere Arbeiten, indem er die Direktoren der übrigen meteorologischen Bibliotheken auffordert, eine Liste
der in diesen Katalogen noch nicht enthaltenen Werke und Abhandlungen
hinzuzufügen." (Rom S. 15).

• „Das Komitee empfiehlt den Direktoren, Spezialkataloge für ihre
eigenen Länder anzufertigen, solange die Veröffentlichung eines General-
katalogs sich noch in der Schwebe befinde."   (Kopenhagen S. 9).

• „Es ist wünschenswert, daß das Komitee für die Anfertigung von
Tafeln (zur Reduktion der meteorologischen Beobachtungen) Sorge trägt,

die in den meteorologischen Beobachtungsnetzen der verschiedenen Länder verwendet werden können." (Rom S. 16).

● „Die Konferenz findet, daß durch die Herausgabe der internationalen meteorologischen Tabellen (die diesbezüglichen Fragen) erledigt sind." (München S. 23).

Diese Tabellen führen den Titel: Internationales Meteorologisches Comité. Internationale Meteorologische Tabellen. Veröffentlicht gemäß einem Beschluß des Congresses zu Rom im Jahr 1879. Paris, Gauthier-Villars et fils 1890. 4⁰. Text deutsch, englisch und französisch.

Auf den Vorschlag des Herrn Pittei wird beschlossen:

● „Der Kongreß erachtet es als sehr nützlich, wenn ein internationales meteorologisches Wörterbuch herausgegeben würde." (Rom S. 16).

Auf eine erneute Anregung des Herrn W. L. Moore, ein solches Wörterbuch herauszugeben, wird in Berlin 1910 beschlossen:

● „Das Komitee erkennt die große Nützlichkeit einer solchen Publikation durchaus an und ersucht das U. S. Weather Bureau, zunächst selbst einen entsprechenden Entwurf zu machen und dem Komitee vorzulegen. Dieses wird dann gern bereit sein, Fachleute aus verschiedenen Sprachgebieten zu wählen, die zur Vervollständigung des Wörterbuches behilflich sein können." (Berlin S. 21).

[Wien S. 33, 47; Utrecht (1874) S 8, 76, 77; London S. 16, 50—59; Utrecht (1878) S. 34—36; Rom S. 15, 16, 70, (Rapports) S. 45, 46, 165—168; Bern S. 2, 37—43, 48, 50; Kopenhagen S. 9, 21—24; Paris (1885) S. 47, 48; Zürich S. 15, 16; München S. 23, 35, 36; Berlin S. 20, 21, 58, 59.]

Internationales Meteorologisches Bureau.

Alle Bemühungen der Konferenzen von Wien, Utrecht, Rom, München und Upsala ein Internationales Meteorologisches Bureau zu begründen, sind gescheitert. Die betreffenden Beschlüsse und Verhandlungen findet man: Wien S. 22, 26, 32, 50, 51, 82—84; Utrecht (1874) S. 18, 19, 65—75; Utrecht (1878) S. 5, 17—22; Rom S. 12, 13, 68, 69, (Rapports) S. 45, 185—189; München S. 36, 37; Upsala S. 4, 13—15.

Internationale Untersuchungen und Publikationen.

● „Um durch Forschungen, die einen großen Teil der Erdoberfläche umfassen, zur Herleitung allgemeiner meteorologischer Gesetze zu gelangen, ist es wünschenswert, daß eine Einigung zwischen den verschiedenen Zentral-Instituten über die Mitteilung der Beobachtungen stattfindet und daß die in jedem Lande veröffentlichten Berichte unentgeltlich an alle Institute und an alle Personen verteilt werden, welche an diesen Untersuchungen teilnehmen. Diese herausgegebenen Berichte sollen ferner allen durch den Buchhandel zugänglich gemacht werden.

Unter anderem hält der Kongreß folgende Gegenstände für Fragen von allgemeinem Interesse:

a) Kritische Zusammenstellung und Bearbeitung aller Daten über den täglichen und jährlichen Gang der Lufttemperatur und Versuch einer Ableitung allgemeiner Gesetze daraus.

b) Kritische Zusammenstellung und Bearbeitung aller Daten über den täglichen und jährlichen Gang der absoluten und relativen Feuchtigkeit der Luft und Versuch einer Ableitung allgemeiner Gesetze daraus.

c) Kritische Zusammenstellung und Bearbeitung aller Daten über den täglichen und jährlichen Gang der Bewölkung.

d) Windtafeln für die 12 Monate und für das ganze Jahr.

e) Niederschlagstafeln für die 12 Monate und für das ganze Jahr.

f) Neue Luftdrucktafeln für die 12 Monate und für das ganze Jahr (mit Isobaren).

g) Karten der Sturmbahnen.

h) Tägliche synoptische Karten, welche einen beträchtlichen Teil der Erdoberfläche umfassen.

Die Direktoren der verschiedenen Zentral-Institute werden ersucht, derartige Arbeiten für ihre respektiven Länder baldmöglichst auszuführen und zu veröffentlichen, damit sie als Grundlage für die allgemeinen Untersuchungen auf diesen Gebieten dienen können.

Es ist ferner wünschenswert, daß, sobald ein öffentliches Institut eine der vorerwähnten Untersuchungen zu übernehmen beabsichtigt, dasselbe dem Präsidenten des internationalen Komitees Anzeige macht, damit derselbe dann die Direktoren aller anderen Institute davon in Kenntnis setzen kann." (Rom S. 12, 13).

● „Es wäre von großem Interesse, internationale Untersuchungen bezüglich der Verteilung der meteorologischen Elemente in der Umgebung der Cyklonenzentren einzurichten." (Paris (1896) S. 13).

Über die Herausgabe „Internationaler Dekadenberichte des Wetters", welche die Herren v. Bezold und v. Neumayer auf der Petersburger Konferenz vorschlugen, ist kein eigentlicher Beschluß gefaßt worden, doch ist diese Veröffentlichung unter der Beteiligung mehrerer Institute in Europa und Amerika zustande gekommen. Seit Juli 1900 erscheint ein „Internationaler Dekadenbericht" als Beilage zum „Wetterbericht" der Deutschen Seewarte. (St. Petersburg S. 11, 88—90).

● „Nach einer Besprechung beschließt das Komitee, die Deutsche Seewarte zu bitten, die „Dekadenberichte" mit Hilfe anderer Institute, mit denen die Seewarte sich über diesen Punkt verständigen könnte, auf die tropischen Gebiete des Atlantischen Ozeans auszudehnen." (Paris (1907) S. 10; vergl. auch Berlin S. 7, 8).

Auf eine von Herrn Hann ausgehende Anregung zur Herstellung neuer Isothermenkarten der Erde (Paris (1907) S. 7, 8, 9) war eine Subkommission gebildet worden, auf deren Bericht hin in Berlin 1910 beschlossen wurde:

● „Das Komitee ist der Meinung, daß die Herstellung neuer Isothermenkarten auf Grund der nach einem gemeinsamen Plane berechneten Temperaturmittel äußerst wünschenswert sei, ist aber nicht in der Lage, diese Frage gegenwärtig weiter zu behandeln." (Berlin S. 9, 10).

Herr Chaves schlägt die Veröffentlichung eines meteorologischen Atlas für die ganze Erde vor, wie er seit einigen Jahren von Herrn Eiffel für Frankreich herausgegeben wird.

● „Das Komitee erkennt das Interesse an, das in gewissen Fällen die Veröffentlichung eines jährlichen Atlas haben könnte, der graphische Darstellungen der Schwankungen der wichtigsten meteorologischen Elemente für die ganze Erde enthält.

Nachdem es von den auf eine solche Veröffentlichung bezüglichen Mitteilungen der Herren Chaves und Eiffel Kenntnis genommen hat, beauftragt es die Herren Shaw und Angot, sich dieserhalb mit Herrn Eiffel zu verständigen." (Berlin S. 21).

[London S. 8, 9; Utrecht (1878) S. 5; Rom S. 12, 13, 18; Bern S. 49; Paris (1896) S. 13; St. Petersburg S. 11, 88—90; Paris (1907) S. 15; Berlin S. 8, 21, 36, 37, 59.]

Beziehungen zwischen Meteorologie und Astrophysik.

Infolge einer von den Herren Norman Lockyer und Shaw gegebenen Anregung wird auf der Tagung des Internationalen Meteorologischen Komitees zu Southport 1903 eine besondere Kommission eingesetzt „zur Zusammenfassung und Erörterung der meteorologischen Beobachtungen unter dem Gesichtspunkte ihrer Beziehungen zur Physik der Sonne." (Southport S. 9, 14). Die Kommission erhält später den Namen „Solarkommission." Von den auf ihren Tagungen in Cambridge (1904) und in Innsbruck (1905) gefaßten Resolutionen werden die folgenden von der Innsbrucker Direktorenkonferenz angenommen:

● „1. Die Kommission wünscht, daß im Norden von Sibirien und von Amerika permanente meteorologische Stationen organisiert werden, wenigstens zwei bis drei auf jedem Kontinent.

2. Die Kommission drückt den Wunsch aus, daß sie Beobachtungen von folgenden Inseln erhalte. Sie weist auf die Wichtigkeit ständiger meteorologischer Beobachtungen in diesen Regionen hin.

Atlantischer Ozean.		Madeira	Portugal
Island	Dänemark	Cap Verde	
Grönland		Ascension	
Faeröer		St. Helena	England
Canarische Inseln, Spanien		Falklandinseln	

Stateninsel, Argentinien
Fernando Noronha, Brasilien
Fernando Po, Spanien
Westindien
Bermuda, England

Fidschiinseln, England
Neu Kaledonien ⎱ Frankreich
Tahiti ⎰
Java etc., Holland
Nord Borneo, England

Nordpacific.
Sandwichinseln, Vereinigte Staaten
Carolineninseln, Deutschland
Japanische Inseln
Philippinen ⎱ Vereinigte Staaten
Guam ⎰
Christmasinsel, England

Indischer Ozean.
Seychellen ⎱ England
Mauritius ⎰
Réunion ⎱ Frankreich
Madagascar ⎰
Sansibar ⎱
Socotra ⎱
Chagos Archipel ⎰ England
Christmasinsel ⎰

Südpacific.
Bismarckarchipel ⎱ Deutschland
Samoa ⎰

Arktischer Ozean.
Karmakuli [Nowaja Semlja], Rußland.

3. Die Kommission ersucht ihren Präsidenten, bei den verschiedenen Regierungen auf dem Wege des Internationalen Meteorologischen Komitees Schritte zu unternehmen, daß die meteorologischen Beobachtungen an den genannten Stationen, wo sie nicht regelmäßig angestellt werden, organisiert, beziehungsweise fortgeführt werden.

4. Die Direktoren der meteorologischen und hydrographischen Institute werden gebeten, außer den meteorologischen Daten, welche an die Kommission eingesendet werden, auch Daten über den Wasserstand und Abfluß der Flüsse und Seen nach ihrem Ermessen und nach Möglichkeit mitzuteilen.

Die Konferenz approbiert den übrigen Teil des Berichtes und die anderen Resolutionen, für welche eine direkte Unterstützung nicht nötig erscheint.

Sie stimmt ferner dem Antrag des Herrn Hellmann zu, mit welchem die Aufmerksamkeit der internationalen Assoziation der Akademien auf die Existenz der Solarkommission gerichtet wird." (Innsbruck S. 33, 34).

Nachdem Herr Shaw als Mitglied der Solarkommission den Versuch einer monatlichen Übersicht über die meteorologischen Verhältnisse der ganzen Erde sowohl in Tabellenform wie in kartographischer Darstellung vorgelegt hatte, wurde beschlossen:

• „Das Komitee billigt die von der Solarkommission ausgewählte Liste von Stationen zur Darstellung der meteorologischen Verhältnisse der ganzen Erde, mit den etwa von den Direktoren der einzelnen Netze für ihr Gebiet gemachten Abänderungsvorschlägen. Zugleich heißt es das Bestreben der Kommission gut, für die Veröffentlichung der Angaben von den ausgewählten Stationen innerhalb eines Jahres nach Ablauf desjenigen, auf das sie sich beziehen, Sorge zu tragen.

Der Vorsitzende wird ersucht, die Solarkommission auch fernerhin in der Auswahl der Stationen und in der Beschaffung der meteorologischen Angaben zu unterstützen; zugleich wird er ermächtigt, die Direktoren der verschiedenen Beobachtungsnetze im Namen des Komitees um die Lieferung der erforderlichen Angaben für die ausgewählten Stationen zu ersuchen, wobei es als selbstverständlich gilt, daß die Übersendung eines veröffentlichten Berichtes (monatlich oder sonstwie) mit den notwendigen Angaben ebenso erwünscht ist wie eine besondere Abschrift der Angaben für die ausgewählten Stationen.

Der Vorsitzende wird ersucht, Herrn Professor Hildebrandsson von den eingesandten Angaben diejenigen zur Verfügung zu stellen, die für die Fortsetzung des Studiums der Beziehungen zwischen den Aktionszentren der Atmosphäre, wie sie von der Kommission des Weltnetzes vorgesehen wurden, notwendig sind." (Berlin S. 18).

Vergl. S. 55, 57.

[Southport S. 9, 14, 37—50; Innsbruck S. 33, 34; Paris (1907) S. 28—42; Berlin S. 8, 18, 26—31.]

Ordnung der Stationen.

● „Der Kongreß hält es für notwendig, daß in jedem Lande mindestens eine, im Falle des Erfordernisses auch mehrere Zentral-Stellen für die Leitung, Sammlung und Publikation der meteorologischen Beobachtungen geschaffen werden.

Bei dieser Gelegenheit hält es die Kommission für notwendig, zur Fixierung der Vorstellung folgende Definitionen der verschiedenen Grade von meteorologischen Beobachtungsstationen vorzuschlagen:

a) Zentral-Anstalt oder Zentral-Institut heißt die oberste, mit der Leitung, Sammlung und Publikation der meteorologischen Beobachtungen eines Landes vom Staate betraute Anstalt.

b) Zentral-Station heißt ein zweites, untergeordnetes Zentrum für die Leitung und Sammlung der Beobachtungen aus einem gewissen Landesteile.

c) Station erster Ordnung heißen wir ein Observatorium, in welchem ohne Sammlung von Beobachtungen anderer Orte meteorologische Beobachtungen in größerem Maßstabe, d. h. entweder stündlich oder unter Zuziehung von selbstregistrierenden Apparaten angestellt werden.

d) Stationen zweiter Ordnung heißen die Stationen, wo vollständige und regelmäßige Beobachtungen über die gewöhnlichen meteorologischen

Elemente, nämlich Luftdruck, Temperatur und Feuchtigkeit der Luft, Winde, Bewölkung, Regen, Hydrometeore etc. angestellt werden.

e) Stationen dritter Ordnung endlich heißen die Beobachtungsstationen, wo nur ein kleinerer oder größerer Teil dieser Elemente beobachtet werden." (Wien S. 31, 67, 68).

• „Der Kongreß schlägt vor, daß jedes Land eingeladen werde, eine bestimmte, den örtlichen Verhältnissen entsprechende Anzahl von Stationen erster Ordnung zu errichten, an denen ununterbrochene Beobachtungen vermittelst guter selbstregistrierender Apparate oder sonst stündliche Beobachtungen mehrere Tage eines jeden Monats hindurch, oder auch schließlich ununterbrochene oftmalige (täglich etwa 8malige) aequidistante Beobachtungen vorgenommen würden, um die Daten für die Reduktion der an den gewöhnlichen Stationen aus täglich zwei bis drei Mal angestellten Beobachtungen gefundenen rohen Mittel auf wahre Mittel zu erhalten." (Rom S. 14, 15).

• „Der Kongreß findet es wünschenswert, daß alle Zentral-Institute Probe-Exemplare von den augenblicklich in den anderen Ländern in Gebrauch befindlichen Hauptinstrumenten besitzen." (Rom S. 21).

[Wien S. 31, 33, 46, 67, 68; Utrecht (1874) S. 55, 56; Rom S. 14, 15, 21; Bern S. 44—46; München S. 28; Innsbruck S. 20, 21, 82, 83].

Säkularstationen.

Um dem großen Mangel an langjährigen, wirklich homogenen Beobachtungsreihen der meteorologischen Elemente wenigstens für die Zukunft abzuhelfen, faßt die Innsbrucker Konferenz auf den Antrag des Herrn Hellmann folgenden Beschluß:

• „Die Konferenz empfiehlt den meteorologischen Zentralanstalten, in ihren Netzen, je nach ihrer Größe, an einer oder mehreren Stationen die Beobachtungen in möglichst unveränderter Weise ununterbrochen fortzusetzen und die Beobachtungen dieser Säkularstationen regelmäßig zu publizieren.

Gleichzeitig wird der Wunsch ausgesprochen, die noch nicht bearbeiteten alten Beobachtungsreihen kritisch zu verarbeiten und zu publizieren." (Innsbruck S. 23, 24, 94, 95).

Hochstationen.

• Der Kongreß erachtet für wünschenswert: „die Errichtung von ständigen, womöglich zugleich mit Registrierapparaten versehenen Beobachtungsstationen auf höheren Berggipfeln." (Wien S. 30, 64).

• „Der Kongreß hält es für sehr förderlich, wenn Observatorien auf den Gipfeln der Berge errichtet und deren Beobachtungen *in extenso* veröffentlicht würden, damit sie allen Meteorologen zur Verfügung ständen und zur Beleuchtung späterhin entstehender wissenschaftlicher Aufgaben verwendet werden könnten." (Rom S. 19).

• „Der Kongreß ersucht die Direktoren der meteorologischen Beobachtungsnetze der verschiedenen Länder, gütigst diejenigen schon vorhandenen Beobachtungsserien von hochgelegenen Stationen, welche bisher noch nicht oder nur unvollständig veröffentlicht wurden, vollständig bekannt zu machen und zu gleicher Zeit diejenigen Stationen ihrer Beobachtungsnetze anzugeben und zu beschreiben, welche Material für das meteorologische Studium der höheren Luftschichten liefern könnten." (Rom S. 20).

• „Die Konferenz hat mit lebhaftem Interesse von der Mitteilung des Herrn **Wragge** Kenntnis genommen; sie ist der Ansicht, daß eine Station auf dem Mt. Wellington (und Mt. Kosciuszko) von weittragender wissenschaftlicher Bedeutung wäre und es von Nutzen sein würde, die stündlichen Beobachtungen *in extenso* zu veröffentlichen." (Paris (1896) S. 7, 17).

[Wien S. 30, 64; London S. 10; Rom S. 19, 20, 78, 79, (Rapports) S. 53—70, 127—136; **Bern** S. 9, 19, 20, 54, 55; **Paris** (1885) S. 24, 25; **Zürich** S. 17; **München** S. 29, 56; **Paris** (1896) S. 7, 17].

Entlegene Stationen. Stationen in Kolonien. Weltnetz.

Der Kongreß erachtet für wünschenswert:

• „1. Die Errichtung von meteorologischen Stationen in den Nordpolargegenden, deren meteorologische Verhältnisse noch nicht oder nur wenig bekannt sind, und zwar zunächst auf Spitzbergen (sowie auch auf höheren südlichen Breiten);

2. Die Errichtung von neuen, ergänzenden Stationen an der Nordküste von Afrika, sowie die regelmäßige Publikation der Beobachtungen der an dieser Küste bereits bestehenden Stationen;

3. Im Hinblick auf den sowohl für die Wissenschaft als für die Schiffahrt zu erwartenden Nutzen, die vollständigere Organisation der Stationen in der Türkei und namentlich des Hauptobservatoriums in Konstantinopel." (Wien S. 30, 64).

• „Der Kongreß äußert seine Meinung dahin, daß die entlegenen Stationen nicht aus einem internationalen Fonds, sondern auf Kosten und unter der Fürsorge derjenigen Staaten zu errichten und zu erhalten seien, die in Verbindung mit solchen Örtlichkeiten ständen." (Rom S. 18).

• „Der Kongreß wünscht die stündlichen Beobachtungen auf den vorhandenen Stationen der heißen Zone fortgesetzt zu sehen, wie auch, daß noch ähnliche Observatorien, besonders im Innern der Kontinente dieser Zone, errichtet werden.

In Anerkennung der großen Bedeutung, welche meteorologische Stationen in Brasilien für die Weiterentwicklung der Wissenschaft haben würden, bittet der Kongreß die italienische Regierung, die diesbezüglichen Wünsche der Regierung jenes Landes mitzuteilen." (Rom S. 19).

• „Es ist sehr wünschenswert, daß das System meteorologischer Beobachtungen in Brasilien ausgebildet und erweitert werde, so daß dadurch die Kenntnis der klimatologischen und meteorologischen Verhältnisse von Südamerika allgemein gefördert werden kann." (München S. 33).

• „Die Konferenz begrüßt mit Freuden die Anwesenheit eines Vertreters des brasilianischen meteorologischen Dienstes und benutzt diese Gelegenheit, um dem Wunsche Ausdruck zu geben, daß dieser Dienst sich weiter entwickle und von der Küste auch in das Innere sich ausdehne und daß derselbe die internationale Form der Publikationen annehme." (Innsbruck S. 26).

• „Die Konferenz hat mit dem größten Interesse die Mitteilungen über die Entwicklung des meteorologischen Dienstes in Australien angehört und spricht ihre Überzeugung dahin aus, daß eine Vermehrung der Stationen im Stillen Ozean von großer praktischer und wissenschaftlicher Bedeutung wäre." (München S. 30).

• „Die Konferenz hält es für wünschenswert, daß in Luxemburg ein meteorologisches Beobachtungsnetz eingerichtet werde." (Innsbruck S. 33).

Bezüglich der von Herrn Hildebrandsson befürworteten „Errichtung meteorologischer Stationen im Gebiete der großen Aktionszentren der Atmosphäre" wird beschlossen:

• „Die Konferenz erkennt den wissenschaftlichen Wert der durch Herrn Hildebrandsson angeregten Beobachtungen in vollem Maße an und drückt die Hoffnung aus, daß der von ihm ausgesprochene Wunsch Verwirklichung finden möge." (Paris (1896) S. 12, 13, ähnlich in St. Petersburg S. 6).

Die in Southport 1903 gebildete Solarkommission hatte auf ihren Tagungen in Cambridge (1904) und Innsbruck (1905) eine Reihe von Resolutionen gefaßt, von denen sich die folgenden auf die Gründung entlegener meteorologischer Stationen beziehen und in Innsbruck von der Direktorenkonferenz angenommen wurden:

• „Die Kommission wünscht, daß im Norden von Sibirien und von Amerika permanente meteorologische Stationen organisiert werden, wenigstens zwei bis drei auf jedem Kontinent.

Die Kommission drückt den Wunsch aus, daß sie Beobachtungen von folgenden Inseln erhalte. Sie weist auf die Wichtigkeit ständiger meteorologischer Beobachtungen in diesen Regionen hin.

Atlantischer Ozean.

Island ⎫
Grönland ⎬ Dänemark
Faeröer ⎭
Canarische Inseln, Spanien
Madeira ⎫
Kap Verde ⎬ Portugal
Ascension ⎫
St. Helena ⎬ England
Falklandinseln ⎭
Stateninsel, Argentinien
Fernando Noronha, Brasilien
Fernando Po, Spanien
Westindien
Bermuda, England

Nordpacific.

Sandwichinseln, Vereinigte Staaten
Carolineninseln, Deutschland
Japanische Inseln
Philippinen ⎫
Guam ⎬ Vereinigte Staaten
Christmasinsel, England

Südpacific.

Bismarckarchipel ⎫
Samoa ⎬ Deutschland
Fidschiinseln, England
Neu Kaledonien ⎫
Tahiti ⎬ Frankreich
Java etc., Holland
Nord Borneo, England

Indischer Ozean.

Seychellen ⎫
Mauritius ⎬ England
Réunion ⎫
Madagascar ⎬ Frankreich
Sansibar ⎫
Socotra ⎬
Chagos Archipel ⎬ England
Christmasinsel ⎭

Arktischer Ozean.

Karmakuli [Nowaja Semlja], Rußland.

[Auf der Mehrzahl der vorgenannten Inseln bestehen schon meteorologische Stationen, ja z. T. Beobachtungsnetze. Der obige Beschluß betont die Wichtigkeit ständiger meteorologischer Beobachtungen aus diesen Regionen].

Die Kommission ersucht ihren Präsidenten, bei den verschiedenen Regierungen auf dem Wege des Internationalen Meteorologischen Komitees Schritte zu unternehmen, daß die meteorologischen Beobachtungen an den genannten Stationen, wo sie nicht regelmäßig angestellt werden, organisiert, beziehungsweise fortgeführt werden." (Innsbruck S. 33, 34).

Auf eine von Herrn Hellmann ausgehende Anregung wird beschlossen:

• „Jeder Kulturstaat, in dem bereits ein eigener meteorologischer Dienst existiert und der Kolonien besitzt, sollte dafür sorgen, daß auch in seinen Kolonien und Schutzgebieten regelmäßige meteorologische Beobachtungen nach den international vereinbarten Grundsätzen angestellt und veröffentlicht werden." (Berlin S. 15).

• „Alle meteorologischen Institute sollten es sich angelegen sein lassen, aus denjenigen Ländern, die noch keine meteorologische Organisation besitzen, in denen aber an einzelnen Orten meteorologische Beobachtungen angestellt werden, diese regelmäßig zu publizieren." (Berlin S. 15).

Auf der Konferenz des Internationalen Meteorologischen Komitees in Paris 1907 hatte Herr Teisserenc de Bort den Vorschlag gemacht, von etwa 30 gut verteilten Stationen auf der ganzen Erde täglich Witterungsdepeschen zu erhalten, um den meteorologischen Zustand der Erde fortlaufend verfolgen zu können (Réseau mondial, Weltnetz). **Die zur Beratung dieses Vorschlages eingesetzte Kommission hat in Monaco 1909 getagt** (Berlin S. 27—31). **Nach Beratung ihrer Beschlüsse erklärte das Internationale Meteorologische Komitee:**

● „In Anerkennung des großen Interesses, den der Vorschlag des Herrn Teisserenc de Bort bezüglich des schnellen Austausches täglicher Witterungsdepeschen aus entfernten Gegenden darbietet, empfiehlt ihn das Komitee lebhaft der Aufmerksamkeit der Direktoren der meteorologischen Institute. Es bittet sie, ihr möglichstes zu tun, um die Verwirklichung des Vorschlages zu sichern." (Berlin S. 18).

[Wien S. 28, 30, 32, 54, 64—67; Utrecht (1874) S. 7, 8, 19, 22, 23, 30, 31, 39, 76; London S. 11; Utrecht (1878) S. 4, 15, 16; Rom S. 18—20, 76—78, 81, 82, (Rapports) S. 17—21, 29—31, 46—47, 77—81; Bern S. 3, 9, 11—22, 25—33, 56, 57; Kopenhagen S. 4, 11, 13; Paris (1885) S. 2, 3, 16, 21—24; Zürich S. 14, 17; München S. 29, 30, 33, 78; Paris (1896) S. 12, 13, 64—67; St. Petersburg S. 6, 62—66; Innsbruck S. 26, 33, 34, 108—112; Paris (1907) S. 50—52; Berlin S. 8, 27—31, 43, 44, 46, 47].

Maritime Meteorologie.

● „1. Es ist (für die meteorologischen Beobachtungen zur See) Gleichförmigkeit der Methoden und Instrumente durchaus und in gleichem Maße, wie für Beobachtungen auf dem Lande, anzustreben. Dies wird am erfolgreichsten dadurch geschehen, daß die Vorstände der Zentralinstitute, deren Errichtung in jenen Ländern, wo sie noch nicht bestehen und die maritimen Interessen es erheischen, als dringend notwendig erklärt werden muß, untereinander in Verbindung treten und sich über die einzelnen Angelegenheiten, Konstruktion der Instrumente, Beobachtungsstunden, Journale usw. einigen.

2. Einheit des Maßes und der Skalen ist wünschenswert, und es sollte daher die Einführung des Millimeters für die Länge der Quecksilbersäule und der hundertteiligen Skala für das Thermometer angestrebt werden. Während auf das Vergleichen der Normalinstrumente der einzelnen Zentralstationen untereinander gedrungen werden muß, wird die Gleichheit der Skalen jedoch zunächst nur als wünschenswert bezeichnet.

3. Es wird von Seiten der Kommission die Wichtigkeit der Kooperation der Kriegsmarinen betont, besonders da durch dieselbe und die damit verbundene Ausführlichkeit gewisser Beobachtungen die Er-

langung von Faktoren und Konstanten ermöglicht wird, welche mit Vorteil zur Reduktion einzelner aus dem allgemeinen Beobachtungssystem erhaltener Resultate benutzt werden können.

4. Mit Rücksicht auf die Verwertung der Resultate wird von Seiten der Kommission gleichfalls auf Einigung der dabei zur Anwendung kommenden Methoden gedrungen. Hiermit im innigen Zusammenhang steht die Durchführung der Arbeitsteilung der Zentralstationen der einzelnen Staaten. Dieser Grundsatz ist für die Weiterentwickelung der maritimen Meteorologie als vom höchsten Gewichte anzuerkennen. Das Übereinandergreifen der Arbeiten mit Rücksicht auf die zu behandelnden Areale ist im Interesse dieser Entwickelung als unstatthaft zu erklären." (Leipzig S. 30, 31 und wiederholt in Wien S. 31, 69, 70).

• „Der Kongreß erklärt es für sehr wünschenswert, daß jedes Land seine Beobachtungen zur See womöglich an einem Orte vereinigen sollte, um an demselben Orte die Organisation der Arbeiten zu übernehmen; das Institut sollte möglichst nahe am Meere etabliert werden." (Wien S. 31, 69).

• „Der Kongreß gibt seine Meinung dahin ab, daß die maritime Konferenz in London im Jahre 1874 den vom Wiener Kongresse für das Studium der maritimen Meteorologie gestellten Anforderungen genügt hat; auch sollte nach seiner Ansicht, um diesem Zweige der Meteorologie ein ferneres Fortschreiten zu sichern, den betreffenden Instituten desselben unumschränkte Freiheit gelassen werden, zur Ausführung ihrer Forschungen die zweckmäßigsten Vereinbarungen untereinander zu treffen." (Rom S. 17).

• „Infolge der Unregelmäßigkeit der Verteilung der nautisch-meteorologischen Beobachtungen können keine bindenden Vorschriften über eine gleichförmige Publikationsmethode derselben erteilt werden." (München S. 27).

Bezüglich der von Herrn Paulsen angeregten und bereits selbst unternommenen „Untersuchungen über die Verbreitung des schwimmenden Eises" gelangt nachstehende Resolution zur Annahme:

• „Die Konferenz würdigt die hohe wissenschaftliche Bedeutung der durch Herrn Paulsen unternommenen Arbeit. Sie äußert den Wunsch, daß die zu der Schiffahrt in den nördlichen Meeren jenseits von 60⁰ Breite Beziehungen pflegenden Institute Herrn Paulsen die ihrerseits gesammelten Beobachtungen zukommen lassen möchten." (Paris (1896) S. 15).

• „Die Konferenz ladet das Internationale Komitee ein, eine Zusammenkunft der Direktoren derjenigen Institute, die sich mit Fragen der maritimen Meteorologie befassen, zu veranstalten, behufs Erzielung einer gewissen Gleichmäßigkeit der Beobachtungs- und Veröffentlichungs-

Methoden; sie wünscht einen Bericht über diese Frage der nächsten Konferenz unterbreitet zu sehen." (Paris (1896) S. 19).

Diese maritime Konferenz hat bis jetzt nicht stattgefunden.

Infolge einer vom Pater L. Froc, S. J., auf der Innsbrucker Direktorenkonferenz gegebenen Anregung zur Vereinheitlichung der Sturmsignale wurde auf der Konferenz des Komitees in Paris 1907 eine besondere Kommission zur Prüfung der Frage eingesetzt. Diese „Kommission für Maritime Meteorologie und Sturmwarnungssignale" hat im Juni 1909 in London eine Sitzung abgehalten, deren Verhandlungen im „Report of Proceedings at a Meeting of the Commission for Maritime Weather Signals, held in London, on June 22—25, 1909" veröffentlicht worden sind. Von den Beschlüssen dieser Kommission wurden folgende internationalen Sturmsignale bei Tage auf der Konferenz des Komitees in Berlin 1910 angenommen:

bei Tage	Beschreibung des Sturmes	Tagessignale
	Sturm, beginnend mit einem Winde im NW-Quadranten	1 Kegel, Spitze nach oben
	Sturm, beginnend mit einem Winde im SW-Quadranten	1 Kegel, Spitze nach unten
	Sturm, beginnend mit einem Winde im NE-Quadranten	2 Kegel, einer über dem anderen, beide Spitzen nach oben
	Sturm, beginnend mit einem Winde im SE-Quadranten	2 Kegel, einer über dem anderen, beide Spitzen nach unten
	Orkan	2 Kegel, mit ihrer Basis an einander

(Berlin S. 12—14).

● „Das Komitee stimmt dem Beschluß der Kommission, eine permanente Kommission für maritime Meteorologie und Sturmwarnungen einzusetzen, zu und beauftragt sein Bureau, diese aus den dafür kompetenten Männern zu bilden." (Berlin S. 13).

[Leipzig S. 21, 30, 31; Wien S. 31, 69, 70; Utrecht (1874) S. 9, 40—48; London S. 9; Rom S. 17, (Rapports) S. 159—164, 213—218, 225—235, 249—250; Bern S. 4; München S. 27; Upsala S. 7; Paris (1896) S. 12, 14, 15, 19, 56, 91—94; Innsbruck S. 5, 38, 104—106; Paris (1907) S. 8; Berlin S. 12, 13, 41—42].

Land- und forstwissenschaftliche Meteorologie.

● „Zum weiteren Studium (der Bodentemperatur) wird empfohlen das Aufsuchen von Gruppen der Gesteine und Bodenarten, welche sich bezüglich des Ganges der Wärme in denselben gleichartig verhalten.

Nähere Details darüber zu ermitteln, wird besonders den land- und forstwirtschaftlichen Versuchsstationen empfohlen." (Wien S. 27).

• „Zur Hebung der landwirtschaftlichen und forstwirtschaftlichen Meteorologie empfiehlt der Kongreß als Forschungsprogramm:

1. Der Einfluß der meteorologischen Elemente auf die Pflanzenwelt.

2. Die Rückwirkung der Pflanzenwelt auf die meteorologischen Elemente.

3. Landwirtschaftliche Wetter-Warnungen.

Da der Kongreß den Gegenstand für zu wichtig hält, um darüber sofort detaillierte Beschlüsse zu fassen, so schlägt er vor, das internationale Komitee zu beauftragen, vor dem nächsten Frühjahre die Zusammenberufung einer internationalen Konferenz (für landwirtschaftliche Meteorologie) zu veranlassen, welche die besondere Aufgabe hat, sich mit der Entwickelung der landwirtschaftlichen und forstwirtschaftlichen Meteorologie zu befassen." (Rom S. 18, 73, 74).

Diese Konferenz ist im September 1880 in Wien abgehalten worden. Ein gedruckter Bericht über die Verhandlungen und Beschlüsse der Konferenz nebst lithographierten Sitzungs-Protokollen wurde im Dezember 1880 verteilt. (Zürich S. 15).

• „Das internationale Komitee wird beauftragt, sich mit der Verbesserung und der Veröffentlichung von meteorologischen Beobachtungen, welche für die Landwirtschaft von Nutzen sind, zu beschäftigen, so daß ein Bericht über diesen Gegenstand dem nächsten allgemeinen Kongreß vorgelegt werden kann." (München S. 33).

Dies ist nicht geschehen; dagegen findet sich im Anhang XI von Upsala (S. 30—45) eine Zusammenstellung von Berichten der verschiedenen Länder über die Pflege der landwirtschaftlichen Meteorologie.

[Wien S. 27; Utrecht (1878) S. 3, 16, 17; Rom S. 18, 73, 74, (Rapports) S. 97 bis 99, 137—158, 199—203; Bern S. 2, 23, 24; Kopenhagen S. 12 Anm.; Zürich S. 15; München S. 33; Upsala S. 7, 30—45; Paris (1896) S. 10].

Erdmagnetismus. Erdströme.

• „Die Lloydsche Wage gibt zur Zeit unter Beobachtung aller Vorsichtsmaßregeln die zuverlässigsten Resultate der Variationen der Vertikal-Intensität des Erd-Magnetismus." (München S. 34).

• „Die Konferenz erklärt sich einverstanden, für die magnetischen Variations-Instrumente die von H. Wild vorgeschlagenen und von dem British Committee adoptierte Skala für die Ordinaten der Kurven, nämlich Deklination: 1 mm = 1'; Horizontal-Intensität und Vertikal-Intensität: 1 mm = 0.00005 C. G. S. zur Einführung zu empfehlen; noch wichtiger erscheint es, eine Einigung über den Abszissenmaßstab herbeizuführen, um die Vergleichbarkeit der Kurven zu erleichtern. Die Konferenz ist der Ansicht, daß die Kopien der Störungen, welche zwischen den verschiedenen Observatorien ausgetauscht werden, eine einheitliche Abszissenlänge von 15 mm für die Stunde besitzen sollen, gemäß einem früheren Beschlusse der internationalen Polar-Konferenz." (München S. 34).

- „Die Konferenz hält es für notwendig, die den absoluten Messungen dienenden Instrumente verschiedener Observatorien mit einander zu vergleichen und die Resultate zu veröffentlichen." (München S. 34).

- „Es erscheint notwendig, in den Einleitungen zu den Publikationen der magnetischen Beobachtungen stets die absoluten Werte der Normalstände der Variations-Instrumente sowie andere, diese betreffende Aufschlüsse zu geben, insbesondere auch die Angaben über die Hilfs- und Kontroll-Beobachtungen, welche zu der Skalenwertbestimmung gedient haben." (München S. 34).

- „Was das Minimum der zu publizierenden Ergebnisse betrifft, so schlägt die Konferenz vor, man solle mindestens den täglichen Gang per Monat und Jahr, sowie den jährlichen Gang nach Monatsmitteln ableiten, außerdem ist es wünschenswert, einige interessante Störungen in Kurven wiederzugeben." (München S. 34).

- „Die Frage nach der Ableitung der Epochenwerte der magnetischen Elemente bleibt der Beratung einer sich den Aufgaben der Landesvermessung widmenden Konferenz vorbehalten." (München S. 34).

- „Die Konferenz ist der Ansicht, daß die Beobachtungen der Erdströme von größter Wichtigkeit sind, sie ist aber nicht in der Lage, nähere Instruktionen für diese Beobachtungen zu geben." (München S. 34).

- „Es erscheint von Wichtigkeit, das Studium der Erdströme einer Weiterentwicklung zuzuführen. Dieses Studium kann ebenso wie dasjenige der erdmagnetischen Erscheinungen nur im freien Lande, ferne von der Einwirkung industrieller elektrischer Etablissements, in Angriff genommen werden." (Paris (1896) S. 33).

Die auf der Pariser Konferenz 1896 gebildete Subkommission für Erdmagnetismus und Luftelektrizität war nach Beratung der von den Herren von Bezold und Eschenhagen vorgeschlagenen Aufstellung von leitenden Gesichtspunkten für die Veröffentlichung magnetischer Beobachtungen zu folgenden Beschlüssen gelangt:

- „Die ermittelten Werte sollten für die einzelnen Stunden in absolutem Maße gegeben werden, unter Anbringung der Korrektionen wegen der Änderung des Nullpunktes der Skala und der Temperatur." (Paris (1896) S. 26).

- „Es soll genau angegeben werden, auf welche Art die Umrechnung der Skalenablesungen in absolutes Maß vorgenommen worden ist und wie weit die Temperatur berücksichtigt wurde." (Paris (1896) S. 26).

● „Es erscheint wünschenswert, daß für jeden Tag die Werte für den Anfang einer jeden ganzen Stunde (nach Ortszeit) veröffentlicht werden." (Paris (1896) S. 26).

● „Es sollten in allen Ländern dieselben Bezeichnungen gebraucht werden, nämlich:

$$H \text{ für die Horizontal-Komponente,}$$
$$X \; " \; " \text{ Nord-Komponente,}$$
$$Y \; " \; " \text{ Ost-Komponente,}$$
$$Z \; " \; " \text{ Vertikal-Komponente,}$$
$$V \; " \text{ das Potential.}$$

Die Deklination wird durch den Buchstaben D angegeben; es wird auch der Sinn der Abweichung von Magnetisch Nord gegen den astronomischen Meridian — Ost oder West — bekannt gemacht werden." (Paris (1896) S. 26, 27).

● „Es ist wünschenswert, daß die Monatsmittel der Komponenten X, Y, Z und, mindestens für die Monate Januar und Juli, die Differenzen ΔX, ΔY, ΔZ der Stundenmittel gegen die vorerwähnten Monatsmittel veröffentlicht werden." (Paris (1896) S. 28).

● „Es erscheint erwünscht, daß jede Veröffentlichung magnetischer Karten von Ergänzungstabellen begleitet werde, enthaltend die aus den Beobachtungen abgeleiteten Elemente und die den Karten zugrunde liegenden Rechnungen." (Paris (1896) S. 29).

● „Elimination der Variationen auf Grund von Beobachtungen auf Basisstationen." (Paris (1896) S. 29).

[Diese Forderung bezieht sich auf die magnetischen Landesvermessungen.]

● „Die Vergleichung der magnetischen Netze der verschiedenen Länder ergibt die Forderung nach einer Vergleichung der in den verschiedenen magnetischen Aufnahmen verwendeten Apparate und zwar zu wiederholten Malen." (Paris (1896) S. 30).

Bezüglich der Durchführung von gleichzeitigen internationalen magnetischen Beobachtungen wird in Paris 1896 beschlossen:

● „Die Konferenz ist der Meinung, daß es von Vorteil wäre, Schritte zu tun behufs Organisation von gleichzeitigen, zu vorausbestimmten Zeitpunkten stattfindenden Beobachtungen der Deklination und Horizontal-Intensität, vor allem durch photographische, den gewöhnlichen Registrierungen in Bezug auf Raschheit und Empfindlichkeit überlegene Methoden. Die Verwendung von gleichartigen Instrumenten ist vorzuziehen." (Paris (1896) S. 31, 32).

● „Auf einen Vorschlag der (magnetischen) Kommission hin wird beschlossen, die Leiter der magnetischen Observatorien aufzufordern, in regelmäßigen Zeitabständen dem Schriftführer des Komitees das Verzeichnis derjenigen Tage zu übermitteln, die ihrer Meinung nach als „ruhige Tage" anzusehen sind. Diese Angaben werden alsdann den verschiedenen Observatorien mitgeteilt werden." (Paris (1900) in Southport S. 1).

In Southport wird an Stelle des Schriftführers des Internationalen Meteorologischen Komitees Herr Snellen, als Mitglied der magnetischen Kommission, beauftragt, die Beobachtungen über ruhige Tage zu sammeln und bekannt zu geben. (Southport S. 9). Nach Snellens Tod übernahm Herr van Everdingen diese Arbeit.

Die in Innsbruck 1905 neben der Direktorenkonferenz tagende magnetische Kommission formuliert einige Anträge, von denen die folgenden durch die allgemeine Konferenz daselbst angenommen werden:

• „Die magnetische Kommission erachtet es als unerläßlich, die von den verschiedenen magnetischen Observatorien verwendeten Instrumente, so oft es möglich ist, regelmäßig unter einander zu vergleichen. Sie spricht gleichzeitig den Wunsch aus, die Vorstände der hauptsächlichsten meteorologischen Institute mögen sich über die Sicherstellung der Durchführung der Vergleichungen verständigen." (Innsbruck S. 31).

Im wesentlichen identisch mit den Beschlüssen in München S. 34 und Paris (1896) S. 26 und wiederholt in Berlin 1910:

• „Die Herren Direktoren der magnetischen Institute werden ersucht, nach Möglichkeit ihre Normalinstrumente mit denen der anderen Länder zu vergleichen und die Resultate dem Bureau exécutif mitzuteilen." (Berlin S. 65).

• „Die magnetischen Observatorien werden ersucht, vom 1. Januar 1906 an, die Listen aller Tage des Jahres nach ihren Kennzeichnungen (0,1 oder 2) zusammenzustellen. Was ihre Publikation anbetrifft, so wird die Sorge hierfür dem permanenten Bureau überlassen." (Innsbruck S. 31).

Wegen des permanenten Bureaus der magnetischen Kommission vgl. weiter unten.

• „Es ist wünschenswert, daß die verschiedenen magnetischen Observatorien die Kopien der Diagramme stark gestörter (Charakter 2 nach der Einteilung Schmidt) oder besonders interessanter Tage jedesmal unmittelbar austauschen; zu diesem Zwecke empfiehlt es sich, eine Liste der magnetischen Observatorien zusammenzustellen." (Innsbruck S. 31).

• „Die Kommission ist einstimmig der Meinung, daß die Verhältnisse an den verschiedenen Observatorien zu ungleich seien, als daß eine einheitliche Regelung des magnetischen Dienstes wünschenswert wäre und überläßt daher den Vorständen der Observatorien die Festsetzung der Anzahl der absoluten Messungen für ihre Observatorien." (Innsbruck S. 32).

• „Aus der neu zu wählenden magnetischen Kommission ist ein permanentes Bureau von 3 bis 5 Mitgliedern zu wählen. Diesem Bureau liegt es ob, die Ausführung der Beschlüsse der magnetischen Kommission in die Wege zu leiten und die Anträge an die nächste Konferenz vorzubereiten. Das Bureau erhält ferner den Auftrag, sich mit dem Department Terrestrial Magnetism der Carnegie Institution in Verbindung zu setzen, um einen Plan für das Zusammenwirken der größeren bestehenden Institute mit dem Department auszuarbeiten; dieser Plan für das Zusammenwirken ist der nächsten Direktorenkonferenz zu unterbreiten." (Innsbruck S. 32).

● „Eine Vervollständigung des Netzes der erdmagnetischen Observatorien ist erforderlich. Aus theoretischen und praktischen Gründen empfiehlt es sich zunächst die Beschränkung auf eine Reihe temporärer Stationen in der Nähe einer Linie, die die Pole der magnetischen Achse verbindet und Afrika meridional durchschneidet.

Diese Stationen sind mit selbstregistrierenden Variationsinstrumenten auszurüsten und, wenn irgend möglich, eine Sonnenfleckenperiode hindurch in Betrieb zu erhalten." (Innsbruck S. 32).

● „Die Kommission für Erdmagnetismus und Luftelektrizität wird künftighin die Kommission für Erdmagnetismus." (Berlin S. 14).

● „Die Kommission dankt Herrn Palazzo für die Bemühungen, die er angestellt hat, um die Errichtung eines magnetischen Zentralobservatoriums in Italien zu erzielen. Sie drückt den Wunsch aus, daß dieses Observatorium, um vom internationalen Gesichtspunkte aus die besten Dienste zu leisten, wenn möglich im südlichen Italien oder in Tripolis errichtet werden möchte." (Berlin S. 63, 64).

● „Zum Studium der Frage, nach welchen Prinzipien die einzelnen Tage am besten magnetisch zu charakterisieren seien, wird eine Subkommission, bestehend aus den Herren Chree, van Everdingen, Schmidt, eingesetzt.

Die Kommission spricht zugleich Herrn van Everdingen und dem Niederländischen Meteorologischen Institut ihren Dank für die Bearbeitung und Publikation der Listen des Störungscharakters der einzelnen Tage aus." (Berlin S. 68).

● „Es ist wünschenswert, daß in den Reproduktionen der Kurven stark gestörter Tage der bereits früher (vergl. Met. Kodex S. 61) international vereinbarte Maßstab von 15 mm auf die Stunde angewendet werde und daß auch diejenigen Institute, welche solche Darstellungen bisher nicht herausgegeben haben, dies künftig tun möchten. Ferner ist dringend zu wünschen, daß auf allen Blättern Stundenlinien für die geraden Stunden nach Greenwicher Zeit eingetragen werden." (Berlin S. 68).

● „Nachdem die Kommission von der Korrespondenz ihres Präsidenten mit dem Direktor des Department of Terrestrial Magnetism

Kenntnis genommen hat, spricht sie den Wunsch aus, daß in denjenigen Ländern, auf deren Gebiet magnetische Vermessungen noch garnicht oder nur vor längerer Zeit ausgeführt worden sind, derartige Arbeiten bald vorgenommen werden möchten." (Berlin S. 68).

• „Die Kommission dankt Herrn Lecointe und seiner Regierung, sowie den Herren Merlin und Somville für die Bearbeitung und Publikation der Liste der magnetischen Observatorien." (Berlin S. 69).

• „Die Kommission hat mit Befriedigung die Mitteilungen der Herren Melander, Rykatschew (in seinem und Herrn Mohns Namen), Stupart, Angot, Liznar, Messerschmitt, Bigelow, Hellmann und Carlheim-Gyllensköld entgegengenommen und erachtet es als sehr wünschenswert, daß magnetische Observatorien im Norden von Finland, in Norwegen, in dem nördlichen, östlichen und südwestlichen Teil von Russisch-Asien, im Norden von Kanada und im Innern Afrikas nahe dem Äquator, ferner in sehr stark gestörten Gegenden, wie zum Beispiel in dem soeben eingehend erforschten Gebiet von Kiirunavaara, endlich auf hohen Berggipfeln unter Anlage entsprechender Basisstationen errichtet werden.

Sie spricht außerdem den Wunsch aus, daß dort, wo die Ausdehnung des elektrischen Straßenbahnbetriebes zur Einstellung der magnetischen Beobachtungen geführt hat oder zu führen droht, von neuem Zentralstationen in Gegenden eingerichtet werden mögen, die von solchen Störungseinflüssen frei sind." (Berlin S. 70).

• „Das Bureau exécutif wird beauftragt, eine Zusammenstellung über Inhalt und Form der bestehenden magnetischen Publikationen vorzunehmen und der Kommission bei ihrer nächsten Zusammenkunft Vorschläge für die weitere Ausgestaltung und die Vereinheitlichung der Publikationen zu machen." (Berlin S. 72).

• „Die Kommission dankt Herrn Bauer für seine wertvollen Berichte und spricht ihre Bewunderung über die schönen Arbeiten aus, die von dem Department of Terrestrial Magnetism der Carnegie Institution zur Förderung des großartigen Unternehmens einer magnetischen Aufnahme der ganzen Erde ausgeführt worden sind." (Berlin S. 72).

[München S. 34, 59—64, 78—79; Paris (1896) S. 5, 23—34, 71—74; St. Petersburg S. 4, 8, 9, 14, 69—73, 92—94; Southport S. 1, 4, 6—9; Innsbruck S. 5, 13, 31—32, 47—53, 119—141; Paris (1907) S. 16—20; Berlin S. 14, 21, 61—104].

Luftelektrizität.

• „Die Anstellung von Beobachtungen der Luftelektrizität ist bloß den Hauptobservatorien zu empfehlen, welchen die Entscheidung bezüglich der Wahl der besten Beobachtungsmethoden und der geeignetsten Instrumente überlassen werden muß." (Wien S. 12).

• „Der Kongreß konstatiert, daß das Studium der atmosphärischen Elektrizität in den letzten Jahren hervorragende Fortschritte gemacht hat und empfiehlt, Vergleiche zwischen den am meisten gebrauchten Instrumenten anzustellen." (Rom S. 11).

• „Die Kommission tritt für eine Weiterbildung der Methoden ein, welche ein Studium der atmosphärischen Elektrizität mittelst kontinuierlicher Aufzeichnungen bezwecken." (Paris (1896) S. 33).

Die Herren Paulsen, Mascart und Pernter machen in Southport Mitteilungen über die Messung des elektrischen Potentialgefälles der Luft mittelst Kollektoren aus radioaktiven Substanzen. Daraufhin beschließt das Komitee:

• „Das Komitee stellt mit Genugtuung fest, daß die Anwendung der Radiumsalze dieselbe Empfindlichkeit ergeben kann, wie die Methode des Ausfließens von Wasser oder die Flammenmethode, und große Vorteile für das Studium der atmosphärischen Elektrizität darbietet." (Southport S. 10).

Die Kgl. Sächsische Gesellschaft der Wissenschaften hat dem Komitee den Text der am 24. Mai 1901 durch eine Kommission von Delegierten verschiedener Akademien angenommenen Beschlüsse betreffend die wissenschaftliche Organisation der Untersuchungen über atmosphärische Elektrizität mitgeteilt, und diese Kommission hat es für zweckmäßig erachtet, die Frage dem Internationalen Meteorologischen Komitee zu unterbreiten. Nach Kenntnisnahme des Berichtes wird beschlossen:

• „Das Komitee hat mit dem größten Interesse von dieser Mitteilung Kenntnis genommen; wenn die internationale Vereinigung der Akademien den Plan annimmt, werden ohne Zweifel die meteorologischen Observatorien ihre Beihilfe leihen." (Southport S. 16).

• „Die Kommission ist der Ansicht, daß die Untersuchungen der Luftelektrizität noch nicht über die Phase des Studiums hinausgelangt sind, weshalb noch keine bestimmte Methode empfohlen werden kann." (Innsbruck S. 32).

• „Das Komitee nimmt die Bildung einer besonderen Kommission für Luftelektrizität in Aussicht." (Berlin S. 14).

[Leipzig S. XXII, XXXV; Wien S. 12, 44, 45; Rom S. 11, 67, (Rapports) S. 115—117, 219—223, 261—265; Bern S. 54; Kopenhagen S. 8; München S. 34, 64; Paris (1896) S. 33, 34, 75—77; Southport S. 3, 10, 16, 50—55, 70; Innsbruck S. 32, 50, 52, 53, 81, 97, 98, 142—146.]

Organisation der internationalen meteorologischen Arbeit.

Auf eine von Herrn Pernter gegebene Anregung beschäftigt sich das Internationale Meteorologische Komitee in Southport mit der Frage der Organisation der meteorologischen Konferenzen, den Beziehungen des internationalen Komitees zu den Kommissionen u. s. w. und erklärt es für

● „wünschenswert, daß diejenigen Herren, die dem Komitee eine Frage zur Beratung unterbreiten möchten, einen Monat vor der Sitzung den Mitgliedern des Komitees einen kurzen gedruckten Bericht über diese Frage einsenden." (Southport S. 14).

● Ferner „erachtet es das Komitee für wünschenswert, daß die Vorsitzenden der Kommissionen sich mit dem Bureau des Komitees in Verbindung setzen, um die Zeit der Zusammenkünfte dieser Kommissionen festzusetzen. Das Bureau wird sodann die Mitglieder von den verabredeten Zeiten in Kenntnis setzen." (Southport S. 14).

Bei einer ähnlichen Diskussion auf der Innsbrucker Konferenz über den von Herrn von Bezold gestellten Antrag „Bei den Direktorenkonferenzen, sowie bei jenen des Internationalen Meteorologischen Komitees ist der amtliche Charakter tunlichst festzuhalten" tritt deutlich zutage, wie wenig viele Mitglieder der Konferenz über die Organisation der internationalen meteorologischen Arbeit orientiert sind. Es gelangt deshalb der von Herrn Hellmann gestellte Antrag zur Annahme:

● „Die Konferenz beantragt, das Internationale Meteorologische Komitee soll ein allgemein gehaltenes Regulativ der internationalen meteorologischen Organisation, wie es in den Direktorenkonferenzen, dem internationalen Meteorologenkomitee und in den Kommissionen zum Ausdrucke kam, auf Grund der bisherigen historischen Entwicklung ausarbeiten und der nächsten Direktorenkonferenz zur Prüfung vorlegen." (Innsbruck S. 25).

Ein vorläufiges Reglement (Règlement de l'Organisation Météorologique Internationale) ist auf der Konferenz des Komitees in Paris 1907 (S. 52 und 53) angenommen worden und soll bis zur Genehmigung durch die nächste Direktorenkonferenz Gültigkeit haben. Vergl. S. 94.

In Beratung eines von Herrn Pernter gestellten Antrages, daß die Präsidenten der Kommissionen Mitglieder des internationalen Komitees werden sollten, gelangt folgende von den Herren Angot und Hellmann gestellte Resolution zur Annahme:

● „Die Vorschläge bezüglich einer Änderung der Zusammensetzung des internationalen Meteorologenkomitees sollen fertiggestellt werden mindestens sechs Monate vor dem Zusammentritte der Direktorenkonferenz. Sie sollen Gegenstand eines Berichtes auf derselben sein, der eine entsprechende Zeit vor der Konferenz verteilt wird." (Innsbruck S. 28).

Auf der Southporter Konferenz schlägt Herr Hellmann vor die „Offizielle Veröffentlichung einer Art von internationalem meteorologischen Kodex, der alle endgültigen Beschlüsse der seit 1872 abgehaltenen Internationalen Meteorologischen Kongresse und Konferenzen enthält, mit den nötigen Erläuterungen und Hinweisen." Das Komitee nimmt den Vorschlag an und richtet an die Herren Hellmann und Hildebrandsson die Bitte, eine derartige Publikation vorzubereiten, welche sodann an die Direktoren der meteorologischen Institute zu verteilen wäre. (Southport S. 15).

Die Herren Hellmann und Hildebrandsson legen den von ihnen bearbeiteten Kodex der internationalen Direktorenkonferenz in Innsbruck vor, und nachdem derselbe in der „Kommission für die Kodifizierung der Beschlüsse des internationalen Meteorologenkomitees und der Direktorenkonferenzen" besprochen worden war, gelangt folgender Beschluß zur Annahme:

• „Die Konferenz erachtet die Veröffentlichung des von den Herren Hellmann und Hildebrandsson bearbeiteten und der Konferenz vorgelegten Kodex der Beschlüsse als wichtiges und zweckdienliches Mittel zur Förderung der internationalen meteorologischen Arbeit und spricht die Hoffnung aus, daß die Institute von Berlin, London und Paris eine deutsche, englische und französische Ausgabe besorgen werden.

Die Konferenz wünscht, daß dieser Kodex auch in anderen Sprachen publiziert werde, und dankt P. Algué, der sich bereit erklärt, diese Publikation in spanischer Sprache auszugeben." (Innsbruck S. 29, 30).

[Leipzig S. 22, 23, VII, XII, XXXVIII, XXXIX; Wien S. 26, 64; Utrecht (1874) S. 5, 6, 8, 19, 20, 36, 39, 87; London S. 13; Utrecht (1878) S. 22—24, 26; Rom S. 12—14, 23—24, 26, 29, 85; Bern S. 1; Kopenhagen S. 1, 5; Zürich S. 1, 2, 5, 6, 13, 14; München S. 4, 26, 37—39; Paris (1896) S. 16, 17; Southport S. 14, 15, 74—75; Innsbruck S. 24, 25, 28—30, 44, 45; Paris (1907) S. 11, 12, 52, 53].

Sachregister

zum

Internationalen Meteorologischen Kodex.

Namen- und Sachregister

zu den

Anhängen der Berichte

über die

Internationalen Meteorologen-Versammlungen
(1872—1910)

Im nachfolgenden Register blieben unberücksichtigt: die Verzeichnisse der eingeladenen und der anwesenden Personen, die provisorischen Programme, die Protokolle der einzelnen Abteilungen (Kommissionen) der Kongresse und andere auf die Geschäftsführung bezügliche Mitteilungen, sowie ferner die nur in französischer Sprache gedruckten vorbereitenden Berichte für den Kongreß in Rom in den „Rapports sur les questions du programme du deuxième Congrès Météorologique International de Rome." Rome 1879. 8⁰.

Claxton: (Über die Bedeutung der Ausdrücke »backing« und »veering«). Innsbruck S. 107.

— (Zur Bestimmung der Konstanten der magnetischen Variationsinstrumente). Innsbruck S. 141.

Comité, Meteorologisches — s. Bericht.

Congo s. Capello, von Danckelman, Stationen.

Congreß für atmosphärische Forschung s. Schreiben.

Danckelman, A. von: Über die Errichtung meteorologischer Stationen I. Ordnung am Congo. Paris (1885) S. 21—23.

Dekadenberichte, Erläuterungen zu dem Vorschlage der Herren von Bezold und von Neumayer, betreffend die Herausgabe internationaler — der Witterung. St. Petersburg S. 88—90.

— Schreiben der Deutschen Seewarte betreffend die —. Berlin S. 24—25.

Denza s. Capello.

Depeschen, Vorschläge in Bezug auf die Art und Weise der Übermittelung der meteorologischen — aus Amerika. Léon Teisserenc de Bort. Paris (1885) S. 27—31.

— s. auch Wetterdienst.

Deutsche Seewarte: Bericht über die Reduktion der Barometer-Ablesungen auf den Meeresspiegel. Paris (1885) S. 39—43.

— (Über die Methoden der Reduktion der Barometerstände auf das Meeresniveau). Innsbruck S. 61—79.

— Bericht an das Internationale Meteorologische Komitee über die Fragen 20 und 21 der Innsbrucker Konferenz, betreffend Einführung des Wolkenzuges in die täglichen Wetterkarten. Paris (1907) S. 47—48.

— Schreiben, betreffend die Dekadenberichte. Berlin S. 24—25.

Dienst, Meteorologischer — s. Organisation.

Dines, W. H. und Shaw, W. N.: Extract from a report on meteorological observations obtained by the use of Kites off the west coast of Scotland, 1902. Southport S. 29—30.

Drachen, Der Gebrauch der — zum Tragen meteorologischer Registrierinstrumente am Blue Hill-Observatorium, Mass. A. Lawrence Rotch. Paris (1896) S. 69—70.

— Bericht über die Erforschung der Atmosphäre durch — am Blue Hill-Observatorium und an verschiedenen anderen Stationen Amerikas. A. Lawrence Rotch. St. Petersburg S. 31—32.

Drachen, Auszug aus einem Bericht über meteorologische Beobachtungen, erhalten mit Hülfe von — an der Westküste von Schottland, 1902. W. N. Shaw und W. H. Dines. Southport S. 29—30.

— s. auch Aeronautisch, Ballons-sondes, Erforschung, Luftballon und Luftschiffahrt.

Drahtlose Telegraphie. W. N. Shaw. Paris (1907) S. 45—46.

— Die Stationen mit — auf den Azoren und die zweckmäßigsten Mittel, um für den internationalen meteorologischen Nachrichtendienst Nutzen daraus zu ziehen. F. A. Chaves. Berlin S. 55—57.

Drygalski, von: Die deutsche Südpolarexpedition. St. Petersburg S. 62—63.

Dubinsky, W.: Differenzen zwischen den magnetischen Normal-Instrumenten des Konstantinowschen Observatoriums in Pavlovsk und den Normal-Instrumenten der Observatorien in Karsani (bei Tiflis), Katharinenburg, Irkutsk, Upsala, Rude Skov (bei Kopenhagen), Kew und Potsdam nach den Vergleichen von S. Savinov und W. Dubinsky in den Jahren 1907—1908 mittels des Kontroll-Theodoliten von Wild-Freiberg und des Induktions-Inklinatoriums von Wild-Edelmann. Berlin S. 88.

Dufour, C.: Bemerkungen über »das Funkeln der Sterne«, übersetzt aus einer Mitteilung in den »Annales Hydrographiques« 1894. Upsala S. 19—21.

Durand-Gréville, E.: Les Grains et les Orages. Innsbruck S. 116—118.

Durchführung der Beschlüsse, Berichte über die — des Wiener Meteorologen-Congresses. Utrecht (1874) S. 21—40.

— s. auch Ausführung und Beschlüsse.

Edler, J.: Untersuchungen des Einflusses der vagabundierenden Ströme elektrischer Straßenbahnen auf erdmagnetische Meßapparate. St. Petersburg S. 69—73.

Einholung von Auskünften über die in den verschiedenen Ländern vorhandenen meteorologischen Beobachtungsreihen. Antworten auf das Circular Anhang J zu den Verhandlungen des permanenten Comités, 1874. London S. 16—17 und 50—59.

Einladung (des Internationalen Meteorologischen Comités zur Polarkonferenz in Hamburg 1879). Bern S. 11—12.

— (zur landwirtschaftlichen Konferenz zu

Historisch-bibliographische Übersicht

über die

internationale meteorologische Organisation

Vorläufiges Reglement der internationalen meteorologischen Organisation[1]).

Die internationale meteorologische Organisation umfaßt:
1. die Direktorenkonferenzen,
2. das Internationale Meteorologische Komitee,
3. die Kommissionen.

1. Die Direktorenkonferenzen haben den Hauptzweck, „über konkrete Fragen zu diskutieren, Vereinbarungen über die Methoden der Beobachtung und Berechnung zu treffen und sich auch über die Veranstaltung gemeinsamer Arbeiten zu einigen" [2]). Die rein theoretischen Fragen können in das Programm der Konferenzen nicht aufgenommen werden.

Die Konferenzen werden durch das Internationale Komitee einberufen.

Von dem Bureau des Komitees werden aus jedem Lande alle Direktoren der staatlichen und von einander unabhängigen meteorologischen Beobachtungsnetze oder Observatorien eingeladen. Das Bureau soll sich außerdem mit den Direktoren der staatlichen Institute der verschiedenen Länder in Verbindung setzen, um zu erfahren, ob Veranlassung vorliegt, die Direktoren gewisser Privatinstitute oder die Vertreter der meteorologischen Gesellschaften einzuladen.

2. Internationales Meteorologisches Komitee. Die Direktorenkonferenz ernennt ein Komitee, dessen Vollmacht mit der folgenden Konferenz aufhört. Das Komitee setzt sich aus den durch die Konferenz gewählten Mitgliedern zusammen. Alle Mitglieder müssen verschiedenen Staaten angehören und Direktoren einer selbständigen meteorologischen Anstalt sein.

Das Komitee hat die Befugnis, sich beim Ausscheiden oder Tod eines seiner Mitglieder zu ergänzen. Es kann auch geeignetenfalls her-

---

[1]) Dieses vorläufige Reglement ist von dem Internationalen Meteorologischen Komitee in Paris, September 1907, genehmigt worden und soll der nächsten Direktorenkonferenz unterbreitet werden (Paris (1907) S. 11, 12).

[2]) München S. 4; von neuem angenommen in Innsbruck S. 8.

vorragende Gelehrte, deren Ratschläge nützlich sein könnten, mit beratender Stimme heranziehen.

Das Bureau, das sich aus einem Vorsitzenden und einem Schriftführer zusammensetzt, wird von dem Komitee ernannt.

Das Komitee überwacht die Ausführung der Konferenzbeschlüsse, macht Vorschläge jeder Art, die für die Entwicklung der Wissenschaft, die Gleichförmigkeit von Gesichtspunkten, sowie die Unterhaltung guter Beziehungen zwischen den Instituten der verschiedenen Länder nützlich sein können, und bereitet die Fragen vor, die den Konferenzen vorgelegt werden sollen. Nach Bedarf bildet es Kommissionen, denen das Studium von Spezialfragen obliegt.

3. Kommissionen. Eine der Aufgaben der internationalen meteorologischen Organisation besteht darin, „gemeinsame Arbeiten zu unternehmen". Seit 1891 hat das internationale Komitee zu diesem Zweck mehrere Kommissionen eingesetzt. Die Ernennung dieser Kommissionen ist für die Entwicklung unserer Wissenschaft von dem größten Nutzen gewesen. Man hat auf diese Weise Arbeiten, die einzelne Gelehrte nicht hätten in Angriff nehmen können, organisieren und gut zu Ende führen können. Es ist sehr wünschenswert, daß alle diejenigen, welche sich mit ein und demselben oder mit verwandten Problemen beschäftigen, zu regelmäßig wiederkehrenden Zeiten zusammenkommen, um die Ansichten zu klären und die getrennten Bestrebungen zu vereinigen, ohne daß dadurch die persönliche Initiative irgendwie beeinträchtigt wird.

Für die neu organisierten Kommissionen wird der Vorsitzende von dem Komitee ernannt.

Die Kommissionen haben die Befugnis, sich zu ergänzen, und organisieren ihre Arbeiten nach ihrem Gutdünken.

Die Vorsitzenden, die nicht Mitglieder des Komitees sein sollten, werden eingeladen, den Sitzungen des Komitees beizuwohnen und an den Diskussionen mit beratender Stimme teilzunehmen. Zu Beginn jeder Tagung des Komitees legen sie einen Bericht über die Arbeiten ihrer Kommission vor.

Die Direktorenkonferenz wird von dem internationalen Komitee einberufen, sobald wichtige Fragen, die ihr zu unterbreiten sind, vorliegen.

Das Komitee und die Kommissionen kommen im allgemeinen alle drei Jahre zusammen.

Das Bureau des Komitees benachrichtigt ein Jahr vorher durch Rundschreiben die Mitglieder des Komitees und die Vorsitzenden der Kommissionen von der Versammlung des Komitees und läßt von ihnen durch Abstimmung die genaue Zeit und den Ort der Versammlung festsetzen.

Die Festsetzung des Datums und des Ortes der Versammlungen der Kommissionen soll nach vorherigem Übereinkommen zwischen dem Vorsitzenden des Komitees und dem der Kommission erfolgen.

Es ist sehr wünschenswert, daß diejenigen, die einer Konferenz des Komitees oder einer Kommission eine Frage zur Beratung unterbreiten wollen, zwei Monate vor der Versammlung an die betreffenden Mitglieder einen kurzen gedruckten Bericht über diese Frage verteilen.

Die bisherigen meteorologischen Konferenzen der Direktoren, des Komitees und der Kommissionen.

Internationale meteorologische Direktorenkonferenzen.

Angebahnt wurde die heute bestehende internationale meteorologische Organisation durch die Meteorologen-Versammlung zu Leipzig 1872, die zur Einberufung des ersten internationalen Meteorologenkongresses in Wien 1873 führte. Dieser, wie der zweite internationale Meteorologenkongreß zu Rom 1879, hatte einen offiziellen Charakter, da die Einladungen seitens der beteiligten Regierungen auf diplomatischem Wege erfolgten. Dagegen trugen privaten Charakter die „internationale Conferenz der Repräsentanten der Meteorologischen Dienste aller Länder" zu München 1891, die „internationale meteorologische Conferenz" zu Paris 1896 und die „internationale meteorologische Direktorenkonferenz" in Innsbruck 1905.

Die Berichte über die Verhandlungen dieser Kongresse und Konferenzen befinden sich in folgenden Publikationen:

Bericht über die Verhandlungen der Meteorologen-Versammlung zu Leipzig. Protokolle und Beilagen. Herausgegeben von der österr. Gesellschaft für Meteorologie. Wien, Druck von Carl Gerolds Sohn 1872. 31, XXXIX S. 8°.

Bericht über die Verhandlungen des Internationalen Meteorologen-Congresses zu Wien. 2.—16. September 1873. Protokolle und Beilagen. Auf öffentliche Kosten herausgegeben. Wien, Druck der K. k. Hof- und Staatsdruckerei 1873. VI, 114 S., 1 Bl. 8°.

Bericht über die Verhandlungen des zweiten Internationalen Meteorologen-Kongresses in Rom vom 14. bis 22. April 1879. Herausgegeben in deutscher Sprache von Dr. Neumayer, Mitglied des internationalen meteorologischen Comités. Hamburg, L. Friederichsen & Co. 1880. Druck von Hammerich & Lesser in Altona. 1 Bl. 93 S. 1 Bl. 8°.

Rapports sur les questions du programme du deuxième Congrès Météorologique International de Rome. Rome, impr. héritiers Botta 1879. VIII, 282 S. 8°. [Hiervon existiert keine deutsche Ausgabe.]

Bericht über die Verhandlungen der internationalen Conferenz der Repräsentanten der Meteorologischen Dienste aller Länder zu München. 26. August bis 2. September 1891. Protokolle nebst Beilagen und Anhängen. München, Druck von E. Mühlthaler. 98 S. 8⁰.

Bericht über die Internationale Meteorologische Conferenz zu Paris 1896. Königlich Preußisches Meteorologisches Institut. Berlin, A. Asher & Co. 1899. 2 Bl. 95 S. 4⁰.

Bericht über die internationale meteorologische Direktorenkonferenz in Innsbruck. September 1905. K. k. Zentralanstalt für Meteorologie und Geodynamik. (Anhang zum Jahrbuch 1905.) Wien, W. Braumüller 1906. IV, 154 S. 8⁰.

Internationales Meteorologisches Komitee.

Der Vorläufer war das „Permanente Comité", das in Wien 1873 vom ersten internationalen Meteorologenkongreß eingesetzt wurde (Wien S. 26, 64). Es hielt Sitzungen ab in Wien 1873, Utrecht 1874, London 1876, Utrecht 1878 und wurde auf dem zweiten internationalen Meteorologenkongreß in Rom 1879 in das „Internationale Meteorologische Komitee" umgewandelt (Rom S. 12). Dieses tagte in Bern 1880, Kopenhagen 1882, Paris 1885, Zürich 1888; es wurde erneuert auf der „internationalen Conferenz der Repräsentanten der Meteorologischen Dienste aller Länder" zu München 1891, wobei die Zahl seiner Mitglieder auf 17 festgesetzt wurde (München S. 37). In derselben Form wurde es wieder eingesetzt auf der „internationalen meteorologischen Direktorenkonferenz" in Innsbruck 1905 (Innsbruck S. 7—10, 27, 28). Seit der Konferenz in Zürich 1888 hielt es noch Tagungen ab in Upsala 1894, St. Petersburg 1899, Paris 1900, Southport 1903, Innsbruck 1905, Paris 1907 und Berlin 1910.

Über die Verhandlungen dieses Komitees berichten folgende Publikationen:

Protokolle der Verhandlungen des permanenten Comités, eingesetzt von dem ersten Meteorologen-Congreß in Wien 1873. Sitzungen in Wien und Utrecht 1873 und 1874. Leipzig, Wilhelm Engelmann. 92 S. 4⁰.

Protokolle der Verhandlungen des permanenten Comités, eingesetzt von dem ersten Meteorologen-Congreß in Wien 1873. Sitzungen in London 1876. Leipzig, Wilhelm Engelmann. 1 Bl. 80 S. 4⁰.

Protokolle der Verhandlungen des permanenten Comités, eingesetzt von dem ersten Meteorologen-Congreß in Wien 1873. Sitzungen in Utrecht 1878. Leipzig, Wilhelm Engelmann. 2 Bl. 36 S. 4⁰.

Bericht über die Verhandlungen des Internationalen Meteorologischen Comités. Versammlung in Bern vom 9. bis 12. August 1880. Hamburg, Druck von Hammerich & Lesser in Altona 1881. 2 Bl. 62 S. 8⁰.

Bericht über die Verhandlungen des Internationalen Meteorologischen Comités. Versammlung in Kopenhagen vom 1. bis 4. August 1882. Hamburg, Druck von Hammerich & Lesser in Altona 1884. 3 Bl. 102 S. 1 Bl. 8⁰.

Bericht über die Verhandlungen des Internationalen Meteorologischen Comités. Versammlung in Paris vom 1. bis 7. September 1885. Hamburg, Druck von Hammerich & Lesser in Altona 1887. 2 Bl. 48 S. 1 Bl. 8⁰.

Bericht über die Verhandlungen des Internationalen Meteorologischen Comités. Versammlung in Zürich im September 1888. Mit einem Vorwort über die Entwickelung der meteorologischen Forschung in Deutschland und einem Sachregister der verschiedenen Berichte des Internationalen Comités seit dem Meteorologen-Kongresse in Rom. Herausgegeben von Dr. Neumayer, Direktor der Seewarte. Hamburg, Druck von Hammerich & Lesser in Altona 1889. 1 Bl. VI S. 1 Bl. 24 S. 8⁰.

Bericht des Internationalen Meteorologischen Comités und der Internationalen Commission für Wolkenforschung. Versammlung zu Upsala 1894. Königlich Preußisches Meteorologisches Institut. Berlin, A. Asher & Co. 1895. 2 Bl. 45 S. 4⁰.

Bericht des Internationalen Meteorologischen Komitees. Versammlung zu St. Petersburg 1899. Königlich Preußisches Meteorologisches Institut. Berlin, A. Asher & Co. 1903. 2 Bl. 94 S. 4⁰.

Bericht des Internationalen Meteorologischen Komitees. Versammlungen zu Paris 1900 und zu Southport 1903. Königlich Preußisches Meteorologisches Institut. Berlin, A. Asher & Co. 1905. 2 Bl. 80 S. 4⁰.

Bericht über die internationale meteorologische Direktorenkonferenz in Innsbruck. September 1905. K. k. Zentralanstalt für Meteorologie und Geodynamik. (Anhang zum Jahrbuch 1905.) Wien, W. Braumüller 1906. IV, 154 S. 8⁰. (s. S. 34, 54, 55).

Bericht über die Versammlung des Internationalen Meteorologischen Komitees Paris 1907. Veröffentlichungen des Königlich Preußischen Meteorologischen Instituts. Herausgegeben durch dessen Direktor G. Hellmann. Nr. 191. Berlin, Behrend & Co. 1908. 75 S. 4⁰.

Bericht über die Versammlungen des Internationalen Meteorologischen Komitees und dessen Kommission für Erdmagnetismus und Luftelektrizität Berlin 1910. Veröffentlichungen des Königlich Preußischen Meteorologischen Instituts. Herausgegeben durch dessen Direktor G. Hellmann. Nr. 227. Berlin, Behrend & Co. 1910. 117 S. 8⁰.

Internationale Kommission für Erdmagnetismus.

Eine ständige „Kommission für Erdmagnetismus und Luftelektrizität" wurde auf der internationalen meteorologischen Konferenz zu Paris 1896 eingesetzt. Sie hielt daselbst ihre erste Sitzung ab, die zweite in Bristol 1898 (bei Gelegenheit der Tagung der British Association for the Advancement of Science), die dritte in Paris 1900, die vierte in Innsbruck 1905 und die fünfte in Berlin 1910, wo beschlossen wurde, die Kommission zu teilen in eine Kommission für Erdmagnetismus und eine besondere Kommission für Luftelektrizität.

Selbständige Veröffentlichungen über die Verhandlungen dieser Kommission sind nicht erschienen, doch findet man Berichte darüber in:

Bericht über die Internationale Meteorologische Conferenz zu Paris 1896. Königlich Preußisches Meteorologisches Institut. Berlin, A. Asher & Co. 1899. 4⁰. S. 23—34.

Report of the sixty-eighth Meeting of the British Association for the Advancement of Science held at Bristol in September 1898. London, John Murray 1899. 8⁰. S. 731—763 und: Terrestrial Magnetism 1898, Vol. III, S. 93—134.

Congrès International de Météorologie [1]). Paris 1900. Procès-verbaux des séances et mémoires, publiés par M. Alfred Angot, Secrétaire général du Congrès. Paris, Gauthier-Villars 1901. 8⁰. S. 66—78.

Bericht über die internationale meteorologische Direktorenkonferenz in Innsbruck. September 1905. K. k. Zentralanstalt für Meteorologie und Geodynamik. (Anhang zum Jahrbuch 1905.) Wien, W. Braumüller 1906. 8⁰. S. 47—53.

Bericht über die Versammlungen des Internationalen Meteorologischen Komitees und dessen Kommission für Erdmagnetismus und Luftelektrizität. Berlin 1910. Veröffentlichungen des Königlich Preußischen Meteorologischen Instituts. Herausgegeben durch dessen Direktor G. Hellmann. Nr. 227. Berlin, Behrend & Co. 1910. 8⁰. S. 61—104.

Internationale Kommission für wissenschaftliche Luftschiffahrt.

Eingesetzt auf der internationalen meteorologischen Konferenz zu Paris 1896. Sie hielt Sitzungen ab in Straßburg i. E. 1898, Paris 1900, Berlin 1902, St. Petersburg 1904, Mailand 1906 und Monaco 1909.

Die Verhandlungen der Kommission sind in folgenden Publikationen veröffentlicht:

Protokoll über die vom 31. März bis 4. April 1898 zu Straßburg i. E. abgehaltene erste Versammlung der Internationalen Aëronautischen Commission. Meteorologischer Landesdienst von Elsaß-Lothringen. Straßburg, Druck von M. Du Mont-Schauberg 1898. VIII, 138 S. 8⁰.

Congrès International de Météorologie. Paris 1900. Procès-verbaux des séances et mémoires, publiés par M. Alfred Angot, Secrétaire général du Congrès. Paris, Gauthier-Villars 1901. 8⁰. S. 78—87.

Protokoll über die vom 20. bis 25. Mai 1902 zu Berlin abgehaltene dritte Versammlung der Internationalen Kommission für wissenschaftliche Luftschiffahrt. Straßburg i. E., Druck von M. Du Mont-Schauberg 1903. 157 S. 8⁰.

Quatrième Conférence de la Commission Internationale pour l'Aérostation Scientifique près l'Académie Impériale des Sciences de St.-Pétersbourg 29 août — 3 septembre 1904. Procès-verbaux des séances et mémoires. St.-Pétersbourg, imprimerie de l'Académie Impériale des Sciences 1905. 211 S. 8⁰.

Cinquième Conférence de la Commission Internationale pour l'Aérostation Scientifique à Milan du 30 septembre au 7 octobre 1906. Procès-

---

[1]) Dies war ein sogenannter freier Kongreß, an dem alle Meteorologen, die dazu Lust hatten, teilnehmen konnten. Ähnliche Kongresse fanden statt in Paris 1878, Paris 1889 und Chicago 1893. Bei Gelegenheit dieses Kongresses in Paris 1900 hielten mehrere Kommissionen des Internationalen Meteorologischen Komitees und dieses selbst Sitzungen ab.

verbaux des séances et mémoires. R°. Ufficio Centrale di Meteorologia e Geodinamica in Roma. Strasbourg, imprimerie M. Du Mont-Schauberg 1907.
XIV S., 1 Bl. 113 S. 8°.

Sixième Réunion de la Commission Internationale pour l'Aérostation
Scientifique à Monaco du 31 mars au 6 avril 1909. Procès-verbaux des
séances et mémoires. Strasbourg, imprimerie M. Du Mont-Schauberg 1910.
XIV, 161 S. 8°.

Internationale Strahlungskommission.

Diese in Paris 1896 eingesetzte Kommission hat bisher nur eine
Sitzung in Paris 1900 abgehalten. Doch erstattete ihr Vorsitzender „Berichte über die Strahlung" an das Internationale Meteorologische Komitee
bei dessen Tagungen in St. Petersburg 1899 (S. 38—60), Southport 1903
(S. 65—70) und an die internationale meteorologische Direktorenkonferenz
in Innsbruck 1905 (S. 56). Reorganisiert wurde die Kommission auf der
Versammlung des Internationalen Meteorologischen Komitees zu Berlin 1910.

Der Bericht über die oben erwähnte Pariser Sitzung findet sich in
der Publikation:

> Congrès International de Météorologie. Paris 1900. Procès-verbaux
> des séances et mémoires, publiés par M. Alfred Angot, Secrétaire général
> du Congrès. Paris, Gauthier-Villars 1901. 8°. S. 58—59.

Internationale Solarkommission.

Eingesetzt auf der Tagung des Internationalen Meteorologischen
Komitees zu Southport 1903 „zur Zusammenfassung und Erörterung der
meteorologischen Beobachtungen unter dem Gesichtspunkte ihrer Beziehungen zur Physik der Sonne". Die Kommission hielt Sitzungen ab
in Cambridge 1904, Innsbruck 1905 (S. 33, 34), London 1909.

Über die Verhandlungen der Kommission sind folgende besondere
Berichte erschienen:

> Report of proceedings of the first Meeting of the Commission for the
> combination and discussion of meteorological observations from the point
> of view of their relations with solar phenomena. Cambridge, August
> 18—23, 1904. Appendix A im „Report made to the Solar Physics Com
> mittee by Sir Norman Lockyer, K. C. B., F. R. S., upon the work done in
> the Solar Physics Observatory, South Kensington, from 1st January to
> 31st December, 1904". 8°. S. 16—22.

> Acta of the Meetings at Innsbruck. Appendix II im „Report made
> to the Solar Physics Committee . . . from 1st January to 31st December,
> 1905". 8°. S. 16—21 [1]).

> Acta of the Meeting of the Solar Commission in London, June 1909,
> in „For the information of the Solar Physics Committee". 8°. S. 1—3.

---

[1]) Mit weiteren Anhängen abgedruckt in Paris (1907) S. 28—42.

Internationale Kommission für Wettertelegraphie.

Eingesetzt in Paris 1896 (S. 5). Die Kommission hielt daselbst 1896 ihre erste Tagung ab, eine zweite in Paris 1900, die dritte in Southport 1903, wo sie sich auflöste. Erneuert wurde sie in Paris 1907 (S. 10) und hielt eine Sitzung ab in London 1909. In Berlin 1910 (S. 19) wurde ihre Erweiterung beschlossen.

Die hierher gehörigen Publikationen sind:

Bericht über die Internationale Meteorologische Conferenz zu Paris 1896. Königlich Preußisches Meteorologisches Institut. Berlin, A. Asher & Co. 1899. 4°. S. 22—23.

Congrès International de Météorologie. Paris 1900. Procès-verbaux des séances et mémoires, publiés par M. Alfred Angot, Secrétaire général du Congrès. Paris, Gauthier-Villars 1901. 8°. S. 55—57.

Bericht des Internationalen Meteorologischen Komitees. Versammlungen zu Paris 1900 und zu Southport 1903. Königlich Preußisches Meteorologisches Institut. Berlin, A. Asher & Co. 1905. 4°. S. 17—18.

Report of proceedings at a Meeting of the Commission for Weather Telegraphy, held in London, on June 21—24, 1909. London, Darling & Son 1909. 33 S. 8°.

Internationale Kommission für Maritime Meteorologie und Sturmwarnungssignale.

Das vom ersten internationalen Meteorologenkongreß in Wien eingesetzte Permanente Komitee veranlaßte die Abhaltung einer besonderen Konferenz über maritime Meteorologie in London 1874. Während Fragen über diesen Gegenstand später auf den allgemeinen Konferenzen gelegentlich behandelt wurden, schritt man erst in Paris 1907 (S. 8) zur Bildung einer Internationalen Kommission für Maritime Meteorologie und Sturmwarnungssignale. Diese hielt in London 1909 eine Sitzung ab, und in Berlin 1910 (S. 13) wurde beschlossen, die Kommission permanent zu machen und zu erweitern.

Die diesbezüglichen Veröffentlichungen sind:

Report of the proceedings of the Conference on Maritime Meteorology, held in London, 1874. Protocols and appendices. Published by the Authority of the Meteorological Committee. London, J. D. Potter and E. Stanford 1875. IV, 61 S. 8°.

Report of proceedings at a Meeting of the Commission for Maritime Weather Signals, held in London, on June 22—25, 1909. London, Darling & Son 1909. 8 S. 8°. — Appendix II [1]) to the „Report of proceedings at a Meeting of the Commission for Maritime Weather Signals, held in London, on June 22—25, 1909". Provisional Summary of the Maritime Weather Signals at present in use in the various countries of the globe. London, Darling & Son 1909. 21 S. 8°.

---

[1]) Appendix I ist auf S. 8 des Report abgedruckt.

Internationale Kommission des Weltnetzes.

Eingesetzt in Paris 1907 (S. 10), tagte die Kommission zum ersten Mal 1909 in Monaco (Berlin S. 27—31).

> Procès-Verbal de la Commission Internationale du Réseau Mondial. 2 Bl. 4°.

Frühere, nicht mehr bestehende Kommissionen[1]).

Internationale Polarkommission.

In Rom 1879 wurde das Permanente Komitee veranlaßt, zur Ausführung des Weyprechtschen Planes der internationalen meteorologischen Polarforschung vom Jahre 1875 eine besondere Kommission einzusetzen. Diese Kommission hielt Sitzungen ab ' in Hamburg 1879, Bern 1880, St. Petersburg 1881 und, nach Beendigung der Arbeiten auf den internationalen Polarstationen, in Wien 1884.

Folgende Publikationen berichten über die Verhandlungen der Kommission:

> Bericht über die Verhandlungen und die Ergebnisse der internationalen Polar-Konferenz, abgehalten in Hamburg in den Tagen vom 1. bis 5. October 1879. Hamburg, Gedruckt bei Hammerich & Lesser in Altona 1880. 1 Bl. 13 S. 4°. [In deutscher und französischer Sprache.]

> Bericht über die Verhandlungen und die Ergebnisse der 2. internationalen Polar-Konferenz, abgehalten in Bern in den Tagen vom 7. bis 9. August 1880. Hamburg, Gedruckt bei Hammerich & Lesser in Altona 1881. 1 Bl. 8 S. 4°. [In deutscher und französischer Sprache.]

> Bericht über die Verhandlungen und Ergebnisse der 3. internationalen Polar-Konferenz, abgehalten in St. Petersburg in den Tagen vom 1. bis 6. August 1881. St. Petersburg 1881. 1 Bl. 14 S. 4°. [In deutscher und französischer Sprache.]

> Protokolle der III. internationalen Polar-Conferenz im Physikalischen Central-Observatorium zu St. Petersburg. 1.—6. August (20.—25. Juli) 1881. St. Petersburg 1881. 1 Bl. 30 S. 8°.

> Protokolle der vierten internationalen Polar-Conferenz zu Wien. 17.—24. April 1884. In den „Mittheilungen[2]) der internationalen Polar-Commission. Redigirt von H. Wild, herausgegeben auf Kosten der Kaiserlichen Akademie der Wissenschaften in St. Petersburg". St. Petersburg 1882. 4°. S. 215—304.

Internationale Wolkenkommission.

Eine internationale Kommission für Wolkenforschung wurde 1891 in München (S. 18) eingesetzt. Sie hielt 1894 in Upsala (S. 23—29) Sitzungen ab und wählte eine Subkommission zur Herausgabe des inter-

---

[1]) Kleinere Kommissionen, die keine besondere Tagungen abgehalten und ihre Arbeiten auf schriftlichem Wege erledigt haben, sind nicht erwähnt.

[2]) Diese Mitteilungen erschienen in sechs Heften, 1882—1885.

nationalen Wolkenatlas, der 1896 erschien. Sie wurde 1896 in Paris (S. 20) neu zusammengesetzt, um Vereinbarungen über die Beobachtungen der Höhe und des Zuges der Wolken während des internationalen „Wolkenjahres" 1896—97 zu treffen. Eine während der Tagung der internationalen meteorologischen Direktorenkonferenz in Innsbruck 1905 neu gebildete Wolkenkommission (S. 35 und 55) beriet über die Herausgabe einer zweiten Auflage des internationalen Wolkenatlas, der 1911 erschienen ist. Das Internationale Meteorologische Komitee beschloß in Innsbruck, die Wolkenkommission nicht zu erneuern.

> Bericht des Internationalen Meteorologischen Comités und der Internationalen Commission für Wolkenforschung. Versammlung zu Upsala 1894. Königlich Preußisches Meteorologisches Institut. Berlin, A. Asher & Co. 1895. 2 Bl. 45 S. 4⁰.

Internationale Konferenz für land- und forstwirtschaftliche Meteorologie.

Auf dem zweiten internationalen Meteorologenkongreß in Rom 1879 wurde das Permanente Komitee beauftragt, eine besondere internationale Konferenz für land- und forstwirtschaftliche Meteorologie einzuberufen. Diese fand 1880 in Wien statt.

Die diesbezügliche Veröffentlichung ist:

> Bericht über die Verhandlungen und die Ergebnisse der internationalen Conferenz für land- und forstwirthschaftliche Meteorologie, abgehalten in Wien in den Tagen vom 6. bis 9. September 1880. Wien 1880. 1 Bl. 10 S. 4⁰. [In deutscher und französischer Sprache]. Nebst 14 Beilagen zum Berichte. 58 S. Fol. [Lithographiert], 15 S. 4⁰ [Druck], 31 S. Fol. [Lithographiert.]

Buchdruckerei A. W. Schade, Berlin N, Schulzendorfer Str. 26.

Additional material from *Internationaler meteorologischer Kodex,*
ISBN 978-3-662-23471-6, is available at http://extras.springer.com